透視西遊記搞定所有MBA

王 立｜編著

◆總序◆

跟四大名著學管理

陳致中

嚴格意義上講，在一九五四年彼得・杜拉克（Peter F. Drucker）的名著《管理的實踐》（The Practice of Management）問世之前，世界上並沒有「管理學」這門學科。然而，縱觀人類自有文明以來數千年的歷史，「管理」的影子無處不在，金字塔、萬里長城、古希臘的神廟、巴比倫的空中花園、英格蘭的巨石陣……這些古代的人類「奇蹟」無一不是千萬人共同努力數十年甚至上百年的成果（有考古證據表明，英格蘭巨石陣的建造，前後花費了數百年之久）。如果從管理就是「集結眾人之力共同完成工作」的觀點而言，人類的文明史事實上就是一部管理史。北京大學光華管理學院前院長張維迎曾說：「管理沒有新問題，只是問題的表現形式不同而已……從古至今，凡是有人的地方就有組織，有組織的地方就有管理。」因此，如果說人類歷史當中自古就蘊含著無所不在的管理思想，這點並不令人訝異。

說到管理思想，管理史學家摩根・威策爾（Morgen Witzel）曾經考證過，「管理」（management）一詞大約起源於十六世紀晚期的英國，也就是莎士比亞的時代。

然而事實上，撇開用詞的差異，古代中外各類典籍著作中，卻並不乏古代人類在管理方面的真知灼見。例如舊約聖經《出埃及記》中，摩西的岳父曾對摩西說：「你應當從百姓中挑選出能幹的人，封他們爲千夫長、百夫長、五十夫長和十夫長，讓他們審理百姓的各種案件。凡是大事呈報到你這裡，所有的小事由他們去裁決，這樣他們會替你分擔許多容易處理的瑣事。」這已經包含了現代管理思想中極爲重要的「授權」和「例外管理」思想。又如古希臘哲人亞里斯多德在《政治學》一書中，也論及過許多和現代意義上的公共行政及企業管理有關的思想，如「勞動者的注意力專注於工作，而不是分散於工作時，各種工作便可做得更好。」、「每一辦公室都應當具有特定職能」、「整體當然高於部分」、「未曾學會服從者，不可能成爲好指揮官」等。

歷久彌新的資源

作爲四大文明古國之一的中國，歷代哲人名士們自然也少不了與現代管理思想相通的真知灼見。例如春秋時代的孫子就被譽爲「世界第一位戰略學大師」，《孫子兵法》也被許多中國、日本、韓國乃至於西方企業奉爲聖經，《孫子兵法•虛實篇》當中的「兵無常勢，水無常形。能因敵變化而取勝者，謂之神。」可以說是對今天管理學思想當中「權變觀點」的最佳詮釋。另一方面，影響中國人最深的儒家思想文化當中，也包含著許多與現代人力資源管理、領導力、組織行爲學等學科相通的思想，如《荀子・君道》：「故明主有私人以金石珠玉，無私人以官職事業。」、《論語・子路》中，子曰：「先有司，赦小過，舉賢才。」等，乃至於司馬光在《資治通鑑》中所言「才德全盡謂之聖人，才德兼亡謂之愚人，德勝才謂之君子，才勝德謂之小人。」均與現代的人才管理、授權管理和誠信管理等觀念不謀而合。

二十世紀以來，在兩岸三地以及日、韓等受中國文化影響深遠的國家，已經有不少著作探討過傳統中國典籍與現代管理的關聯，如日本軍人出身的企業家大橋武夫就著有《用兵法經營》一書，將《孫子兵法》運用到實際的企業管理當中，並取得了傲人的成果。又如臺灣管理學者曾仕強將國學與管理學加以結合，所著的《中國管理哲學》、《儒家管理哲學》、《易經的奧秘》等，在中國大陸企業界頗受好評。另一位臺灣學者傅佩榮同樣從國學入手，將《易經》、《道德經》和《論語》等典籍中的思想，與現代社會生活、個人發展和企業管理加以結合，成爲極受歡迎的演講嘉賓和企業培訓顧問……

然而，若要說起在華人社會當中的影響力，只怕任何典籍都無法跟「四大名著」相比。問問身邊任何一個人，恐怕大多數人都不曾認真讀過《孫子兵法》或《易經》，對於《論語》也只剩下學生時代模糊不清的印象；然而同樣地，恐怕只有極少人沒看過《水滸傳》、《三國演義》、《西遊記》和《紅樓夢》，林沖夜奔、草船借箭、火燒連環船、大鬧天宮、黛玉葬花、劉姥姥遊大觀園……這些經典的場景、故事、人物，早已融入到我們的記憶當中，成爲我們文化基因的一部分。

四大名著的案例

那麼，四大名著當中，是否也存在著管理的智慧呢？這是不需要懷疑的，管理大師杜拉克說：「管理不僅是企業管理，而且是所有社會機構的基本器官和功能」。從這個角度來看，《三國演義》中的三國、《水滸傳》中的水泊梁山、《西遊記》中唐僧與徒弟們組成的「團隊」，乃至於《紅樓夢》中的賈府，都可以視爲不同形式的組織，而有組織的地方，就需要管理。套一句通俗點的話：「有人的地方就有江湖。」四大名著爲我們鋪陳出了四個時代、四個精彩絕倫的「江湖」，有謀略、有詭計、有鬥爭、有情誼，有波瀾壯闊的爭霸征戰，也有細膩無比的人物和情感刻畫。在情節鋪陳的字裡行間，在四個有血有肉的「江湖」當中，可以說隱藏著無數的管理思想和經驗。

這就是策劃和出版「跟四大名著學管理」這套書的意義所在。這套書的主要特點在於：從中國人最爲熟悉的「四大名著」入手，將我們耳熟能詳的人物、場景和故事情節，與管理學理論與實踐加以結合。三國就是三家龐大無比的「公司」，梁山泊一

○八條好漢就是一百零八位各具特色的「高管」，唐僧師徒就是一支目標明確、人員精實的專案「團隊」，而紅樓夢中的大觀園，就是一個複雜詭譎的「職場」……這些故事你都聽過，這些場景你都記憶猶新，但將它們和現代企業管理知識結合起來，保證讓人耳目一新。

管理學知識脈絡清晰，理論完整而富有新意。和一些穿鑿附會、似是而非的「從××看管理」書籍不同，這套書的作者均具有良好的管理學理論素養，概念陳述清晰，與案例的結合相當合理，並且涵蓋了許多最新的管理學理論知識。例如《透視「三國演義」做個聰明CEO》一書中，從CEO的視角出發，探討了創業管理、決策學、授權、人力資源管理、組織行爲與人員激勵、領導權威，乃至於接班人培養等議題，可以說企業管理者在管理工作中會碰到的問題，在這本書中幾乎都有涉獵。又如《透視「水滸傳」打造黃金TEAM》一書中論及宋江的領導智慧，其中的「領導者的六P特質」和「管理者向領導者的轉變」等章節內容，均和現代最新的「轉換型領導理論」和「魅力型領導理論」等有共通之處。這套書理論結構完整，既有最基礎的管理知識，也有最新的理論前沿，與案例結合緊密，從實踐中來，到實踐中去，深入淺出地讓讀者從通俗易懂的故事中，領略現代管理思想的魅力。

管理學思想的魅力

杜拉克曾說：「管理是一種實踐，其本質不在於『知』而在於『行』；其驗證不在於邏輯，而在於成果；其唯一權威就是成就。」換句話說，沒有和實際經驗及案例結合的管理理論，只能是蒼白而無力的。好在「跟四大名著學管理」這套書恰好做到了「知行合一」，每一個章節都有具體的案例佐證，每一個理論觀點都和書中具體的人物、情節和場景加以結合，從宋江見武松、周瑜見魯肅看「雪中送炭」與人情關係；從唐僧的取經「團隊」看人員搭配和磨合；從《紅樓夢》的賈母看理想CEO的授權、用人和無為而治……當讀者帶著管理學的理論觀點，重新浸淫到這些早已熟悉的故事情節當中時，不知不覺間，讀者的管理學素養就悄然建立起來了。

「跟四大名著學管理」是一套富有趣味性和實用性的管理學讀物，無論是初次接觸管理的人、已經學習過管理學知識的人，還是已然在從事管理工作的經理人員，都值得一讀。當那些我們耳熟能詳的場景和故事被一一與管理學思想聯繫起來，當CEO、高管、經理人、員工這些職位，和劉備、諸葛亮、唐僧、宋江、賈母……這些鮮活無比的人物形象結合在一起時，讀者不僅會覺得輕鬆有趣，更能夠在不知不覺間，領略到管理學思想的魅力與價值。

目錄
contents

contents 目錄

第二章　西遊員工的從業心態管理

第三章　取經團隊的性格管理

第四章　西遊中層的管理心經

contents 目錄

第六章 取經路上的磨難和誘惑——西遊團隊心態管理

contents 目錄

[第一章]

組建與發展──「一一一四」的西遊團隊

西遊團隊是一個「一一一四」的團隊模式。人數並不多，各類人物卻相當齊全。

首先，第一個「一」是董事長：如來；第二個「一」是總經理：觀音；第三個「一」是專案經理：唐僧；四就是員工：悟空、八戒、沙僧和白馬。

而整個取經的過程，完全可以看作是這支西遊團隊由稚嫩到成熟的發展過程。

西遊團隊的完美搭配

從管理學角度來看，《紅樓夢》這部言情小說除外，《水滸傳》中一百零八將，《三國演義》中，劉、關、張，最後都是以失敗告終，唯獨唐僧師徒圓滿成功了，這當然是有原因的。經過無數西遊學者的研究發現，西遊團隊縱使放在現代社會，也絕對是一支搭配完美的明星團隊。

一、西遊團隊搭配的啟示

——要想具備團隊精神，首先就要檢視團隊中的成員

蓋茲貝克與史密斯有一個著名論斷，「並非所有團體都是團隊」。團隊的特質在於兩方面：第一，團隊個體爲完成共同目標一起承擔責任；第二，團隊的成果非個人力量可以單獨完成。

要想談團隊，首先就要談個人，談如何有效地統一我們個人的思想和行爲。

最典型的就是豬八戒。西遊路上，他的內心經常會有小聲音出現。因為他只知道取經對他來說有好處，起碼可以不用做妖精，但他對取經（成功）的意義不明白，他不知道取經是為了做什麼。要他拋家離口的，的確有些勉為其難。他理解不到唐僧那樣的境界（造化天下蒼生）啊！

「既然如此，那我為什麼要去取經呢？那麼難！菩薩是在騙我吧？這一路上吃不飽，睡不好，又沒媳婦相伴，而且還要挑那麼重的擔子，回去多好！」

「路上那麼多妖精，這樣下去，命都要送掉，還不如早點散夥回家自在去！」

「這猴子哪像個師兄，老是欺負我，我都不想幹了！」

「我們取經賣命，還不是給那老和尚唐僧臉上貼金？」

孫行者也有許多小心思。他經常會有這樣的想法：

「我可以陪你去取經。但要我覺得你唐僧值得追隨，我就保你去。我要是覺得你不行，我也可以不去，回我的花果山去！」

「這個唐僧原來是這麼個凡僧，菩薩要我保他去，他行不行啊？什麼時候才能到？反正我陪他玩玩也不怕，只要不惹我生氣！否則，我和你分手！」

家庭、朋友圈子、同鄉會等都是團隊。其中，家庭是最常見的非正式化團隊組織。重視家庭這一最基本的團隊組織，對我們的人生有著非同一般的意義。

在企業裡，我們更加宣導非正式團隊的組織形式。其實，西遊團隊就是一個典型的帶有生活、工作色彩的非正式團隊。

毫無疑義，團隊是一個虛擬的概念。如何使這樣一個虛擬的概念變得「豐滿」，變成一個有血有肉的形象，是有賴團隊成員達成高度一致的。所以，要想具備團隊精神，首先就要檢視團隊中的成員。

那麼，作爲團隊中的一員，我們應該從哪幾個方面來培養自己的團隊合作能力呢？

(1)尋找團隊積極的品質

在一個團隊中，每個成員的優缺點都不盡相同。你應該去積極尋找團隊成員積極的品質，並且學習它。讓你自己的缺點和消極品質在團隊合作中被消滅。團隊強調的是互助工作，較少有命令指示，所以團隊的工作氣氛很重要，它直接影響團隊的工作效率。如果團隊的每位成員都去積極尋找其他成員的積極品質，那麼團隊的協助合作就會變得很順暢，團隊整體的工作效率就會提高。

(2)對別人寄予希望

每個人都有被別人重視的需要，特別是那些具有創造性思維的知識型員工更是如此。有時一句小小的鼓勵和讚許就可以使他釋放出無限的工作熱情。並且，當你對別人寄予希望時，別人也同樣會對你寄予希望。

⑶時常檢查自己的缺點

你應該時常地檢查一下自己的缺點，比如自己是不是還是對人那麼冷漠，或者還是那麼言辭鋒利。這些缺點在單兵作戰時可能還能被人忍受，但在團隊合作中，就會成爲你進一步成長的障礙。團隊工作中，需要成員一起不斷地討論。如果你固執己見，無法聽取他人的意見，或無法與他人達成一致，團隊的工作就無法進展下去。

團隊的效率在於配合的默契，如果達不成這種默契，團隊合作可能是不成功的。如果你意識到了自己的缺點，不妨就在某次討論中將它坦誠地講出來，承認自己的缺點，讓大家共同幫助你改進。當然，承認自己的缺點可能會讓人尷尬，你不必擔心別人的嘲笑，你只會得到同伴的理解和幫助。

⑷讓別人喜歡你

你的工作需要大家的支持和認可，而不是反對，所以你必須讓大家喜歡你。除了和大家一起工作外，還應該儘量和大家一起去參加各種活動，或者禮貌地關心一下大家的生活。總之，你要使大家覺得，你不僅是他們的好同事，還是他們的好朋友。

⑸保持足夠的謙虛

團隊中的任何一位成員都可能是某個領域的專家，所以你必須保持足夠的謙虛。任何人都不喜歡驕傲自大的人，這種人在團隊合作中也不會被大家認可。你可能會覺得在某個方面他人不如你，但你更應該將自己的注意力放在他人的強項上，只有這樣，你才能看到自己的膚淺和無知。謙虛會讓你看到自己的短處，這種壓力會促使你自己在團隊中不斷地進步。

二、如來的目標就是西遊團隊的奮鬥方向

整部《西遊記》就是一個團隊從組建到最終達成目標的一個過程。那麼，首先有個問題我們得搞明白，那就是「爲什麼要組建這支團隊」呢？就像一個公司，我們幾個人一商量，爲什麼要開這個公司？開這個公司，建這個團隊的目的是什麼？想要達到一個什麼樣的最終結果呢？

《西遊記》第八回，話說如來佛祖平定了孫悟空的動亂回到西方極樂世界。大概五百年之後，有一天，如來召喚諸佛、阿羅、揭諦、菩薩、金剛、比丘僧、尼等共同賞花，開了個「盂蘭盆會」。大家花也賞完了，心想這佛祖肯定不是單單閒得沒事找他們賞花吧，肯定有什麼明示。於是請如來明示根本，指解源流。

如來微開善口，宣揚大法。講經宣法完畢，如來說：

「我觀四大部洲，眾生善惡，各方不一：東勝神洲者，敬天禮地，心爽氣平；北巨蘆洲者，雖好殺生，只因糊口，性拙情疏，無多作踐；我西牛賀洲者，不貪不殺，養氣潛靈，雖無上真，人人固壽；但那南贍部洲者，貪淫樂禍，多殺多爭，正所謂口舌凶場，是非惡海。我今有三藏真經，可以勸人為善。」……

「我待要送上東土，叵耐那方眾生愚蠢，譭謗真言，不識我法門之要旨，怠慢了瑜迦之正宗。怎麼得一個有法力的，去東土尋一個善信，教他苦歷千山，詢經萬水，到我處求取真經，永傳東土，勸化眾生，卻乃是個山大的福緣，海深的善慶。」

如來的這段話，道出了組建取經團隊的目的，那就是「勸人爲善」始終貫穿於取經事業的前後，也是最終要達成的一個願景。這就是這個取經團隊的「團隊願景」，或者稱爲「公司使命」吧。團隊所有的行爲準則，一切條款的制訂等都要緊緊圍繞著這個核心不能動搖。這也是整個取經團隊的靈魂所在。如果沒有了這個使命，那麼「取經」這個動作只能是空洞的，沒有了任何的意義和價值所在。所以，就是這四個字賦予了取經團隊每個成員以神聖的使命和責任。

如果沒有使命，那麼他們的取經行爲是空洞的。當然，同樣的道理，如果沒有確立一個明確的奮鬥目標的話，那麼再高尚的使命也是空洞的。責任和使命是必須要付諸於行動當中表現出來的，所以如來給了這支團隊一個明確的奮鬥目標。

那麼這個目標到底是什麼呢?很多人的第一想法就是:當然是取經啊!但真的那麼簡單嗎?如果單單是爲了把經取回來,送到東土的話,那就太容易了。孫悟空一個筋斗雲十萬八千里,一天都能取好幾趟。但是有用嗎?終究是不能體現「勸人爲善」的意義。所以,這支團隊的工作目標非常的明確,那就是:教他苦歷千山,詢經萬水,到我處求取真經,永傳東土,勸化眾生。也就是說,必須得找一個和尚,一步一步走到西天靈山大雷音寺,取得三藏真經,送回東土,普度眾生!

這裡面包含好幾個必要的因素:

第一,首先你必須得是一步一步走到西天的,駕雲不行;

第二,必須得到西天靈山大雷音寺我佛如來處取到的經才算,其他地方經再多都不行;

第三,必須取得的是三藏真經,其他經也不行;

第四,到了地方還不行,取到經你還得給送回去,這樣才可以發揮最終普度眾生的作用。

這就引帶出了我們企業經營的幾個概念,那就是「使命」「目標」和「任務」。

所以,從如來佛祖組建取經團隊這個事件,現代的管理者,應該得到以下啓示:

確定一個明確的奮鬥目標

那就是任何一個團隊的建立，首先都應該在建立之初就賦予它一個使命，並確定一個明確的奮鬥目標，並爲達成這個目標而制定一個又一個的工作任務。否則團隊成員在工作中就會失去精神支柱。

可以看出，「使命」是一個很高的概念，它是整個企業運作的靈魂所在，可以把大家的日常行爲上升到一定的高度，賦予每個人以歷史使命感和社會責任感。只有這樣，才可以使得我們的團隊成員在工作中不會太過計較個人利益的得失。

而「目標」是一個未來的願景，是建立在「使命」的前提下，所有團隊成員共同努力而達到的一個結果。而這個結果的達成，是所有夥伴共同奮鬥、歷盡千難萬險、吃盡各種苦頭、經過心智的成熟，並與社會各個階層、各種人際關係高度和諧，才有可能達成的一個漫長的過程。比如唐僧取經團隊的「目標」達成，其實是一個非常漫長、非常痛苦的過程。只有經歷了各種遭遇之後，才會達成團隊的終極「目標」，從而起到「勸人爲善」的作用。

目標的達成，當然是需要團隊每個成員的努力和付出。這就需要每個人去完成自己在這個過程中的「任務」。「任務」是具體的事情，是實實在在的行動。比如，唐僧取經團隊的「任務」就是「一步步往西走」就可以了。只要能保證是往西的，並一直在走，那麼這個「任務」完成了，「目標」自然就達成了，「使命」自然就完成了。

團隊的目標和個人的目標要相輔相成

如來佛祖在組建這支西遊團隊的時候，不但給了團隊一個大的目標，還給了每個人小的目標，給他們利益的驅動。這個利益的驅動，就是向這些員工承諾說，你們跟著唐僧好好幹，幹好了，要是能夠保護唐僧來到西天，每個人都可以修成正果。

也正是因爲給了每個團隊成員足夠的利益驅動，所以孫悟空才這麼忠心耿耿跟著唐僧，跟著他打工。並不是因爲孫悟空要感恩，也並不完全是因爲頭上的緊箍咒，也並不是想取到真經普度眾生，因爲孫悟空有了一個個人的想法：我只有跟著唐僧才可以修得正果。

從團隊管理的角度來看，西遊團隊的每個成員爲了達到自己的個人目的，形成高度的思想統一，最終在個人目的達成的同時，客觀上帶來團隊達成目標的現代團隊管理的理念。整個西遊團隊最終取經成功，最重要的一點來講，是如來佛祖給了孫悟空、豬八戒、沙和尚、白龍馬四個員工以利益的驅動。給他們承諾好處了，說你們跟著唐僧好好幹，幹好了之後，你們每個人都能成佛，都能修成正果，都能戴罪立功，都能贖回原來的罪過。孫悟空、豬八戒、沙和尚、小白龍，包括那個唐僧，他們取經的經過，其實在某種程度上來講，是他們各自爲了各自的私利而奮鬥，最終客觀上帶來取經目標達成的一個過程。

分析這五個團隊成員，你會發現他們每個人有一個共同的特點，都有前科，犯過事。所以如來佛祖在組建這支團隊的時候，才會許諾他們——跟著唐僧好好幹，幹好了，可以戴罪立功，可以彌補原來的罪過，可以修成正果。

整個團隊的大目標是求取真經，而團隊每個成員的小目標是爲了修成正果。當團隊目標達成的時候，也就是當他們整個團隊取到真經的時候，也就意味著包括唐僧，包括孫悟空、豬八戒、沙和尙、小白龍他們五個人的個人目標達成了，他們都修成正果了。反過來，當他們每個成員都修成正果的那一天，就是他們整個團隊取到真經的那一天。

就像現代企業裡，企業的大目標是要把我們的企業做強、做大、做久，而企業每個成員的小目標是要讓自己的生活好一點，收入高一點。當企業大目標達成的時候，也就是當企業做強、做大了的時候，企業裡每個成員的個人小目標也就自然達成了；當企業每個成員都生活得很好的時候，不也正好證明我們的企業已經做強、做大了嗎？

所以，團隊的目標和個人的目標是相輔相成，融爲一體的，缺一不可。在團隊管理的過程中，我們不能一味地強調團隊大目標而忽略了個人目標和個人利益的達成；當然，我們也不能一味地追求個人利益，而不顧集體利益和團隊大目標的實現。要兩者兼顧，才能共同推動。

三、西遊團隊的標誌和成功要素

如何評定一個團隊呢？最核心的一點是：團隊是否有共同目標，團隊成員是否願意為此目標而努力。

這裡，最值得關注的是個人目標和團隊目標的問題。通常，這兩者之間沒有衝突關係，所衝突的是團隊成員對團隊目標的理解，所衝突的是我們企圖非客觀地打破兩者的平衡。

檢驗成功團隊的要素大致有：

(1)團隊的願景是否明確、一致？目標是否清晰、合理？

(2)團隊的精神是什麼？是否符合團隊成員的實際狀況？

(3)是否明確團隊即將遇到的障礙和阻力？是否有消除它們的積極力量？

(4)團隊的每個發展階段將會發生什麼變化？能否變成積極的力量？

(5)團隊的溝通文化健康嗎？

(6)保持團隊活力的規則是什麼？

(7)團隊中的個人利益與團隊利益能得到有效平衡嗎？

(8)是否有能力促成團隊成員保持高度一致？

(9)是否能無論如何地保證團隊實現目標？

(10)是否公平、合理地享受團隊的果實？

好了，就讓我們逐條與西遊取經的過程一一分享吧：

(1)團隊的願景是否明確、一致？目標是否清晰、合理？

答：團隊願景：取經度人。目標：到西天靈山取經，時間三年。

(2)團隊的精神是什麼？是否符合團隊成員的實際狀況？

答：團隊精神：吃苦耐勞，不怕困難，一心一意，團結一致。「吃苦耐勞」對唐僧四人都沒問題，只對白龍馬有問題。但既然已經是馬了，不走路，不馱人也不行啊。「不怕困難」是假的，誰不怕，不過，有那麼多的人支持，還有孫行者等高手的保護，豁出去了。「一心一意」，對八戒是最有挑戰性的，不過，有那麼多人監督他，管束他，諒他也會老實點。「團結一致」對孫行者和八戒最有挑戰，兩個傢伙都自我。不過，有領導者願意花時間栽培他們，就慢慢地磨掉他們的稜角吧。不過是個時間問題嘛。總體而言，符合團隊成員的實際。

(3)是否明確團隊即將遇到的障礙和阻力？是否有消除它們的積極力量？

答：關於團隊的阻力和成員的磨難，如來、觀音菩薩早就心中有數。如來給觀音五件寶貝，對消除阻力和障礙那是件件有用的。觀音親自查看取經的地形和路途，就是爲了更好地幫助唐僧等人消除阻力。遇到阻力後，菩薩要麼派人報信，要麼就親自出馬，要麼協調關係請救兵。孫行者也是，爲了去除阻力，在天宮、西天各部門四處公關活動，不亦樂乎，非常的積極。

(4)團隊的每個發展階段將會發生什麼變化？能否變成積極的力量？

答：團隊各階段不一樣。剛開始的時候，大家互相不瞭解，屬於自主磨合期（飛花期）；逐漸有所瞭解和信任基礎後，屬於嘗試合作期（青果期）；瞭解深入和互相認可後，進入積極配合期（熟果期）。觀音菩薩在各個階段成功地帶領他們進行提升、過渡，避免了團隊的紛爭和崩潰，保證了取經工作的順暢。她幫助團隊教育「短板」成員，在生死關頭保護、挽救團隊成員的性命，幾次在團隊不完整的時候，親自協調關係，做思想工作，每次都是她將取經團隊成員重新撮合在一起。

(5)團隊的溝通文化健康嗎？

答：團隊的溝通文化總體是往健康方向發展的。剛開始，孫行者講話大大咧咧，沒上沒下，沒尊沒卑，自高自大，後來發展到謙虛謹慎，互相關愛，有商有量。剛開始，八戒也是胡說八道，後來也收緊了自己的嘴巴。溝通文化從原先的了無生氣和一潭死水，被改寫成和和睦睦，其樂融融，進步神速。

(6)保持團隊活力的規則是什麼？

答：保持團隊活力的規則是：第一，方向往西，不當逃兵；第二，多行善事，別幹壞事；第三，各司其職，協調合作；第四，有過則改，自我突破。其實也沒像現在的團隊搞得那麼複雜。

(7)團隊中的個人利益與團隊利益能得到有效平衡嗎？

答：團隊中經常出現「豬八戒要自由（想吃就吃，想睡就睡）」，「孫行者要個性（想打就打，想怎樣做就得聽我老孫的）」等情況。無所謂，善意疏導，給他們時間「玩」，一切皆有可能消釋。

(8)是否有能力促成團隊成員保持高度一致？

答：唐僧牢牢地控制著直奔西天的方向；觀音緊緊地團結著團隊所有的人，頂著最重要的擔子；孫行者實實在在地清掃著團隊的障礙——妖精之類；八戒、沙僧做好後勤工作……這些努力，促成了西遊團隊「不到靈山非好漢」的高度一致。

(9)是否能無論如何保證團隊實現目標？

答：是的。取經過程中，雖然曾有過成員思想鬆動或不愉快的「分手」現象，但每次在最困難的時候，大家還是走到了一起。的確，所有的人都付出了努力，直到圓滿地完成了任務。

(10)是否公平、合理地享受團隊的果實？

答：唐太宗承諾過唐僧，取經回來，定有重賞。觀音菩薩也答應過孫行者、豬八戒、沙僧、白龍馬，取經成功後都是有「好處」的。到了西天後，如來也給他們發了獎狀，封了職位，的確兌現了承諾。總體上，分配公平，合理，因此，皆大歡喜。

西遊團隊的成長與磨礪

在西遊團隊成立之初，這支團隊的未來可並沒有被多少人看好過。如來將指示下達給觀音，觀音經過篩選，最後敲定由唐僧來擔當取經大任。可想想那取經路上的種種艱難險阻，就算唐僧佛性如何堅定也不過是一介肉眼凡胎，連普通野獸都無法避過，又如何能夠逃過妖怪們的魔掌呢？即使後來找到了四個徒弟，可是如何把這些性格南轅北轍、來歷紛繁複雜的隊員擰成一股繩，讓他們齊心協力護唐僧去西天取經呢？

其實整個取經的過程，完全可以看作是這支西遊團隊由稚嫩到成熟高效的發展過程。

一、西遊團隊的三個發展時期

團隊不可能一日建成，也不可能不成長。一個團隊就像是一棵樹。現實中，團隊剛一組建，就有可能出現「蟲害」和污點，導致團隊出現這樣的結果：不是在空氣和養分中成長，卻變成了在污點和「蟲害」下成長。此外，團隊剛開始有點成長的跡象，只是稍微帶了點污點或者「蟲害」，就有可能被人砍掉枝葉或者連根拔掉。

所以，正確認識團隊所處的每個階段，對團隊的準確把握十分有利。

團隊各階段不一樣，剛開始的時候，大家互相不瞭解，屬於自主磨合期；逐漸有所瞭解和信任基礎後，屬於嘗試合作期；瞭解深入和互相認可後，進入積極配合期。這三個階段通常構成了團隊的正常成長曲線。

在西遊團隊自主磨合期，每個成員都很自我，團隊呈現出了自我紛爭的現象，就像花兒漫天飛，以至於在五莊觀，因為幾個人參果鬧得不可開交，耽誤了好多天的路程。其中，豬八戒很自我，好吃，就是他鬧著要吃的；孫行者很自我，就是他去偷的果子，死不認賬的也是他；沙僧也很自我，跟著吃了果子還不承認；唐僧也很自我，居然縱容偷了人家東西的徒弟們拍屁股逃走……

接下來的「三打白骨精」也是如此。孫行者不加仔細溝通，不予變通，就自行打死了妖精的化身（女兒、老母、老父親）；豬八戒自我地「嚼舌根」，挑撥離間，搬弄是非；沙僧自我地「和稀泥」，裝老好人；唐僧自我地把壞人當「良民」，還「耍大牌」要開除行者。

自我，是自主磨合期最典型的特徵，也是團隊發展的最大障礙。

當團隊成員之間的誤會開始慢慢解除，心結逐漸打開，自我逐漸減少，瞭解逐漸增強，重要關係開始清晰的時候，嘗試合作期也就開始了。

西遊的嘗試合作期開始於「大戰紅孩兒」。那是一次怎樣的機會，促使他們開始微妙地轉變關係呢？孫行者因為心高氣傲，自以為是，被紅孩兒的三昧真火弄得差點沒了性命。是豬八戒及時趕到，採用傳統的按摩法，救活了他。

這次事件帶給孫行者一次完全不一樣的震撼：原來，一向以為很有能耐的自己，卻連一個小孩子都打不過，自己有什麼了不起啊？一向以為八戒是個沒用的草包，是個廢物，想不到卻能在關鍵時候救自己的性命。孫行者一定有深深的反思吧！

促使團隊成員從嘗試合作期向積極配合期過渡的重要元素是：團隊成員能體會到合作的意義和價值，能對團隊產生高度的信任感。

西遊團隊成員進入積極配合期，可以從豬八戒的表現看出來。只要豬八戒的潛能發揮出來了，團隊肯定是上了正軌。豬八戒雖然有一路的不滿和埋怨，也沒少和孫行者磕磕碰碰，但他也慢慢知道了：這猴子很厲害，人也不壞，而且比以前越來越寬容、可愛了。和他在一起做事，又好玩，又挺爽。你看，大戰牛魔王多過癮，呵呵，我和猴子把那老牛整得嗷嗷直叫，叫爹又叫娘，直喊饒命。

團隊發展的每個階段，都可能出現反覆和倒退。反覆不定，將會爲團隊的穩定和持續發展帶來障礙，嚴重時，還需要從頭再來。

二、在危險中進步，在糾紛中磨合——西遊團隊的重重磨礪

團隊是什麼？

團隊成員和團隊有什麼關係？

我爲什麼離不開團隊，團隊爲什麼離不開我？

從《西遊記》中，我們可以略知一二。任何團隊都是由個人組成的，任何個人的因素都能誘發團隊的危險。真正良好的團隊——如西遊團隊，就是在一次次危險中進步、反思，師徒四人在一次次糾紛中磨合。

事件一：唐僧孤立美猴王

事情發生在取經的中途。有一夥強盜，把唐僧抓住了，找他要錢財。唐僧就說徒弟們有，等他們來了再說。於是，強盜們就把他吊在樹上，等他的徒弟們拿錢贖人。孫行者見師父被綁架，於是就變成個小和尚，先把師父救出來，留下自己和強盜周旋。唐僧騎馬一路跑回去找八戒他們，然後交代八戒：「你趕緊去和行者說，要他棍下留情，不要打殺那些強盜！」

等到八戒急急忙忙地趕去時，路邊兩個強盜已躺在地上，一個口吐白沫，到西天報到去了；一個腦髓都被打出來了，找閻王領戶口去了。唐僧見孫行者行凶打死人，於是有些不滿，口裡絮絮叨叨，猴子長猴子短的一頓罵，還叫八戒挖坑掩埋兩個強盜，還準備給他們念經超度。八戒一聽就不高興了：「他打死人，怎麼要我去挖坑?」沒想到,此言一出,孫行者就對著八戒吆喝開了:「快點去挖,遲了就是一棍子!」

這老豬是不通情理,你就給師兄一個臺階下又如何呢?這猴子也是太蠻不講理,這種態度,誰心裡沒氣?即使不是兄弟,只是個陌路人,也不至於這麼講話呀。接下來,唐僧在給那兩個死鬼強盜念超度經的時候,口稱:「我勸過你們不要行凶,你們不聽,卻被行者打死。我可憐你們,埋葬你們。現在我來為你們超度,我對你們是真心誠意、仁至義盡的啊!這打死人的事不是我做的,是那姓孫的做的,你們要算賬就找他去算賬,和姓陳的和尚(唐僧姓陳)沒關係,和八戒、沙僧也沒關係啊。」

唐僧這裡顯然犯了一個錯誤,把自己搞得那麼偉大,把別人搞得那麼渺小,忘記了孫行者也是為了保護你,他只是方法不對啊!你說孫行者聽見後能不反抗嗎?於是行者拿起棒子往那墳墓上一陣亂掃,一邊罵道:「老子不怕,你去閻王那裡告也可以,老子哪裡不熟啊!還有,你個老和尚,也太不夠意思了!我打死他們也是為了保護你,你卻叫他們去告我!」團隊不和睦的氣氛瀰漫開來。

唐僧這樣對行者,行者能沒情緒嗎?果然不錯。就在他們去找住處的時候,一個老者出來接待。老者見他們相貌兇惡,於是就不肯借宿,還說:「你們一個像夜叉(沙僧),一個像馬面(豬八戒),一個像雷公(孫行者)!」行者今天本來心情就不好,見誰都不順眼,於是厲聲吼道:「雷公是我孫子,夜叉是我重孫,馬面是我玄孫！」（一個借宿的人居然還那麼兇！行者不僅在吼老漢，而且連沙僧、豬八戒都給罵了，不知這兩位師弟當時是什麼心情？）老者一聽，知道碰見混蛋了，嚇得魂都沒有了，趕緊溜。唐僧好言相求，最後才得以留宿下來。進去後，老者說起自己的兒子，說他不爭氣，不務正業，做了強盜。說自己實在沒有辦法，就這麼一個兒子繼承香火啊，很苦惱。行者的第一反應就是：「既然不爭氣，就給我打死他！」老者就說：「他雖然不爭氣，可是我死後還得有人掩埋啊。」八戒、沙僧也說：「師兄，你管什麼閒事呢？你又不是官府的，人家兒子怎麼樣，跟你什麼關係啊？」行者又坐了個「冷板凳」，估計心裡更加不爽了。

半夜時分，強盜兒子回來了，見取經的幾個人在自己家裡借宿，就要找人來給死去的同夥報仇。老者知道了他兒子的想法，出於一片好心，就來報信，讓唐僧他們快逃走。想不到，他們的行動被強盜們發現了。強盜們一陣追趕，定要報仇。於是唐僧吩咐行者：「只趕走他們就可以了（對行者來說不費吹灰之力），不需要打殺他們。」

行者本來就十分惱火，滿腔的怒氣，對唐僧等人也有一肚子意見，哪裡聽得進去，於是又打殺了一片。兇狠的猴子還特意把老頭家兒子的頭割下來，血淋淋地送到唐僧面前（分明是和唐僧對著幹！）唐僧一看，簡直要氣得暈過去，於是就狠念「緊箍咒」，痛得行者滿地打滾。唐僧轉念一想：這樣念下去，自己嘴巴也難受，還不如叫他走了算了。於是說：「你連一點善心都沒有，還取什麼經，要你什麼用啊？你走吧！」美猴王第二次嘗到了被驅逐的滋味。

前前後後看來，行者之所以那麼極端，行爲失控，與團隊的氣氛和分歧有關。團隊出現緊張情緒時，沒有人出來緩和這尷尬的氣氛，沒有人出來協調彼此的分歧，沒有人出來安撫情緒，以至於個人的情緒無法從根本上消除，於是當事人就將情緒傾瀉到了具體的事件上。

本來孫行者在後面是可以不打死人的。可是唐僧那樣罵他，還要兩個死鬼找他算賬，說打死人的事和他自己與八戒他們沒關係，明擺著就是從心理上孤立了他，真不夠資格做師父啊！因此，「你唐僧後來叫我不打殺人，只需要趕走強盜，我應該聽嗎？現在，你們三人全部是好人，就我一個是惡人，乾脆，惡人做到底！你唐僧哪有把我當徒弟看？我也根本沒必要聽你的話，我想怎麼做就怎麼做！」

正確的做法應該是：當行者打殺強盜後，不要去責怪他，而是利用這件事情教導他，讓他意識到取經就是一個做善事的過程（孫行者沒這個概念），應從平常的事情做起。爲了真正做善事，就得改變一下以前的一些方法。還可以說「做和尚是不會輕易打殺人的」，或者可以總結說：「以前我們一路打過來，很辛苦，但效果不理想，可否考慮換個方式？」孫行者自己會去想啊。——這樣處理，孫猴子可能會好受很多。

如果唐僧主動承擔責任（管教不嚴），而不是將責任一推了之，更不刻意去孤立行者，事情就不會如此糟糕，行者的領悟能力和行動素質也將會得到極大的提升。如果行者真的感受到團隊的理解和支持，而不是一個人被孤立在外，那麼，就有可能不會發生後面再一次打殺強盜的事情，更不會發生團隊崩潰的情形。

事件二：豬八戒凡心不死

豬八戒凡心不死，貪圖女色。黎山老母、觀音、普賢、文殊菩薩分別變化成母親和三個女兒，假裝招親，把他捉弄了一番。最後，豬八戒被吊在了一棵樹上，大呼小叫，直喊救命——「師父啊，救我一命，下次再不敢了！」唐僧隱約聽見豬八戒在叫，就問沙僧是不是八戒的聲音。沙僧說：「正是！」可是孫行者卻說：「兄弟，莫理他，我們走吧！」唐僧說：「那呆子雖然是心性愚頑，但人還是很直的，而且有些力氣，可以挑行李；看在菩薩救他和我們一起取經的份上，料他以後再也不敢了。」於是，師徒幾個進樹林去找八戒。

孫行者見到八戒後，不是馬上動手解繩子，而是先取笑一番：「好女婿啊，你不是當人家女婿，不去取經了嗎？哪個是你丈母娘？哪個是你老婆？哑！吊死你！」

八戒被人搶白，羞愧不已，又不敢反駁，也不敢叫喊，十分痛苦。沙僧看了，老大不忍，放下行李，上前解了繩索救下八戒。八戒對他們磕頭禮拜，其實羞愧難當。

沙僧笑道：「二哥好啊，有四位菩薩來與你做親！」八戒道：「兄弟再別提起，比給人家做兒子還羞愧！從今以後再不敢亂來了。就是骨頭累折了，也一心跟師父走！」唐僧一聽很高興，說：「這樣說才對了。」

我們從中可以獲得的啓發是：在通往取經（成功）的路上，總會出現一些思想波折和反覆不定。雖然八戒是一個落後的成員，但其他成員又是如何來認識他的錯誤，如何來對待他的錯誤，從根本上達成處理八戒問題的共識的呢？

團隊裡，像八戒這樣狀況的人多了。如果像行者那樣既諷刺又挖苦，撕破對方臉皮，甚至還想拋棄他，把他從取經成員裡面刪除，那意味著什麼？如果像沙僧一樣，親手去幫八戒解開捆綁他的繩索（人往往都是受一時迷惑，卻不一定是他真正的本意，八戒也是），其教育效果又會如何？如果像唐僧一樣，給八戒一個改過自新的機會，珍惜他在團隊中的重要地位，我們又會看到什麼？

生活中，我們往往會爲情緒和個人喜好所左右，做出愛憎和取捨，讓自己和團隊蒙受損失。如果沒有了八戒，後面就沒有人來救行者，沒有人來挑行李，沒有人去巡邏，沒有人幫忙捉妖精……因爲某人的弱點或基於自己的不喜歡而隨意否定其存在的價值，只會讓自己更忙亂，只會讓自己更被動，讓團隊更脆弱，更不堪一擊。無論是對團隊成員、團隊領導還是整個團隊，都是不利的。

如果孫行者是團隊的決策領導者而不是唐僧，豬八戒就會被斬殺，他就會被團隊所拋棄，如果這樣，團隊就會少一個人，其後果我們可以想像一下。按照基本分工來說，孫行者是負責安全保衛的，豬八戒是負責挑行李擔子的，沙僧是牽馬開路的。如果少一個人，這些事情就要臨時或長期轉給沙僧、孫行者，或者加重白龍馬的負擔和難度，如此下去，行進的速度自然成問題。如果碰到妖精，那就更麻煩了。有孫行者這樣愛恨分明的領導人，團隊的包容心會相對缺乏，也難以留住人才。孫行者也萬萬想不到，在取經的後期，他的性命竟是豬八戒「揀」回來的。他也不可能知道，豬八戒在後來的取經日子裡會立下多少汗馬功勞。與人機會，其實是給自己機會。依據工作需要而不是人的喜好來進行人力安排，並抓好人力開發工作，自然會贏得更大的成功。

少了一個人的團隊，不僅僅是少一個人或成員的問題，而是意味著建立一種什麼樣的團隊文化的問題。豬八戒就這樣被拋棄，意味著沙僧的恐懼，意味著白龍馬的不穩定，意味著團隊選人用人的誤區，意味著下一個人還會因此而隨意被「斬殺」。

一些企業老闆或經理爲什麼做得非常疲憊？其中的一個原因在於：他們缺乏建立一種真正的團隊文化，他們缺乏開發人力的技能和心態，他們草率且不自信地對待曾經被「錯殺」的員工。

想一想，企業裡，那些我們認為不合適的人，難道就真的不合適嗎？你就真的要那麼武斷地拋棄他（她）嗎？

事件三：孫悟空畫地為牢

取經前期，孫行者和豬八戒之間總是有些「過節」。豬八戒也知道師兄有些真本事，經常能在關鍵時候化險為夷。兩個人的配合說不上太好，但還是挺有意思，挺刺激的。不過，八戒還是很記仇。取經中途，到通天河時，師父被妖精捉去，豬八戒不好好地背孫行者下海找師父，反而公報私仇，想把孫行者摜在泥裡，弄死他。這次，八戒是真的給孫行者來了個秋後算賬，手段之毒辣，前所未有。幸虧孫行者精明，早有準備，得以逃生。八戒的惡招被行者化解後，聲稱「再也不敢了」，請求師兄饒恕自己。

後來，兄弟幾個配合起來，並在觀音菩薩的幫助下，終於擒拿了通天河的妖精。唐僧被解救出來後，也一再聲稱以後再也不敢自己亂作主張了。沙僧也應該知道了師兄的重要性。經過這一次生死考驗和團隊內部的最大磨難後，團隊的關係更近了一層。孫行者以為團隊就應該良性發展了，然而，卻實際上還只是個表面現象。

我們來看看後面發生的事。

過了通天河後，他們又來到一個地方，唐僧很害怕（他的直覺往往很靈驗），於是就提醒徒弟們注意前行。行者就說：「師父，放心吧，我們兄弟三人情投意合，歸正求真，有的是降怪捉妖的辦法，怕什麼呢？」

從言語分析，行者錯誤地以爲團隊從此就團結齊心了，以爲大家都應該很信任他了（事實上，行者經過那麼多次打殺，也應該證明了自己的實力，足以獲得他們的信任）。

可是，事情不一定就是我們主觀上認爲的那樣。有些像我們的交往行爲：爲別人（或對方）辦了那麼多的事情，甚至連心都想掏給別人，但就是沒法讓別人徹底相信你。這真是全世界多數人的心理「怪圈」。

唐僧肚子餓，要吃飯，看見前面有一座宅子，有亭台樓宇，就要進去。孫行者見那地方有妖氣，勸師父不要進去，還做了很長時間的輔導工作。可唐僧要吃飯啊，齋飯還得化啊，怎麼辦？行者於是心生一計，給唐僧他們畫了個圈子，叫他們別出圈子，這樣才安全。行者為了安全起見，交代了又交代，叮囑了又叮囑，才去化齋。

好了，問題來了。三個人在裡面待了一陣，感覺天冷，見行者還不回來，就開始嚷開了。叫得最凶的是八戒。他說：「不知道那猴子去哪裡耍去了，化什麼齋，叫我們在這裡坐牢受罪。」他講了古人「畫地為牢」的成語給唐僧聽，還質疑說，「猴子用棍子在地上畫個圈有什麼用?有野獸妖精，一樣會來吃了我們的。要我說，應該走出圈子，順路往西走，讓猴子來追趕我們。」唐僧本來心裡就沒譜，一聽老豬慫恿，覺得有道理，於是稀里糊塗地就同意了。沙僧這個深沉的傢伙，即使憋著話也不說，於是這事就成了。三個人完全忘記了孫行者的叮囑和告誡，走進那樓閣之所。結果是：八戒跑到裡面貪圖幾件背心，三個人被妖精全部當賊捉走了。

團隊表面的平靜和統一，並不能代表團隊真正的統一，因爲每個人的自我太強烈。

我們且來仔細分析一下事情發生的來龍去脈和前因後果，便於大家更清楚認識團隊統一表面下的「暗礁」。

從上面的事情經過看，大家也許覺得是八戒在裡面搗鼓，是唐僧沒主見，是沙僧在「和稀泥」。實際上，這只是看到了事情的一面。因為，真正的起源在於孫行者。

為什麼那麼說呢?孫行者啊，孫行者，你在畫這個圈子的時候，有沒有演示一下這個圈子到底是怎樣的好呢?口說無憑啊!口說不能當飯吃(古代的人、現代的人其實都現實)。另外，你在畫圈子的時候，有沒有經過三人的同意?有沒有商量在什麼地方畫圈子?天氣那麼冷，你把他們圈在冷風呼呼吹的地方，一直吹下去，誰受得了呢？如果說，讓大家都出些主意，達成共識，在一個避風的地方畫個圈子，可能好些吧？或者說圈子畫大點也好啊？孫行者沒走這些程序，而是抓起棍子就畫了個小圈。三個人擠在一起，你說，那樣好嗎？難怪八戒會說像是坐牢！（這呆子不傻啊！）因此，我們可以這麼說：孫行者的自以為是和辦事粗糙是問題的根源。

八戒、唐僧和沙僧有沒有過錯呢？他們有著自己的想法，卻完全不考慮孫行者的意見（尤其是他們明明知道行者是專家），而把自我的意識放在了第一位。當面一套，背後一套。這樣的結果就是：每個人搞自己的一套，互不協商，不求統一共識，而是表面同意，實際上互相之間誰也約束不了對方。

團隊往往不是因為表面的障礙而受阻，而是因為這些表面下的「暗礁」造成擱淺或覆沒。

結論：

團隊和人一樣，也需要一個成熟的過程。它也許會幼稚，也許會迷茫，也許會分裂，但那都是正常的現狀。重要的是：我們到底是否定這種現狀，還是接受這種現狀或改變這種現狀。如果把不同成員的心凝聚成一條心，形成統一的凝聚力，具有整體性、協調性，其戰鬥力自然就出來了。要建立起這種戰鬥力，需要時間和訓練方法。訓練方法得體，時間可大大縮短。本書涉及的一些方法，可以有效幫助個人、團隊得以迅速成長。

成熟團隊的標誌是：每個成員的積極性和潛力能得以充分調動起來，並最大限度地支持、服務團隊目標的實現。

取經的前五十回，基本都是行者在唱「獨台戲」。就像我們有些主管和核心人物一樣，一天到晚累死累活，其他人的積極性呢？卻沒有完全調動起來。我們看到，取經前期，八戒和沙僧更多的是在爲行者打「下手」，提包、搬東西、探路，卻很少涉足真正的操作層面。如果長此下去，想必行者不被人打死，也得活活累死。這樣的組織雖然在前進，但能否真正稱爲一個團隊呢？顯然不是真正意義的團隊。

當真正的團隊建立之時，你再看看他的威力是如何的。

大家知道，八戒在取經後半途十分賣命，又是掃除上八百里荊棘嶺，又是用嘴拱開八百里臭烘烘的稀柿路，令人感動啊！

估計老沙在前面也是沒有放開，也許他會這樣想：「反正你猴哥不是說你最行嘛，那你就一個人幹好了，我做好自己的事情就不錯了。」但在後面，因爲行者的轉變，一向低調的沙僧也開始施展才華了。

團隊的不成熟也是團隊的成長過程，團隊的成長過程就是團隊通往成功的過程，接近西天靈山的過程。因此，團隊磨合到了一定程度的時候，一切就會瓜熟蒂落。

三、緊箍咒是西遊團隊的制衡法寶

在西天取經的過程中，觀音菩薩送給唐僧一件佛門寶物——金箍，並傳授給唐僧緊箍咒。只要唐僧一念緊箍咒，孫悟空便頭痛難忍，不得不循規蹈矩。喜歡孫悟空的讀者都對緊箍咒有著切齒的痛恨，但是究竟爲什麼要給孫悟空加上這樣一道緊箍咒呢？

讓我們分析一下三人關係的來龍去脈：孫悟空之所以跟隨唐僧去西天取經，是受觀音菩薩點化，要報答唐僧爲他恢復自由之身的恩情。作爲孫悟空與唐僧之間的中間人，觀音菩薩對兩人都非常瞭解。她知道要慈悲軟弱的唐僧靠一己之力去管束孫悟空，那是不可能完成的任務。爲了讓唐僧能對孫悟空進行有效管理，使孫悟空在艱難的取經路上「愛崗敬業」，更好地發揮「齊天大聖」的優勢和才能，觀音菩薩把金箍給了唐僧。而唐僧用緊箍咒約束孫悟空不是出於對孫悟空的不信任，而是規範其行爲的一種方式。

從事件的表象看，唐僧每次念動緊箍咒，孫悟空便頭痛求饒。這說明，緊箍咒對管理孫悟空來說是有效的。試想，唐僧作爲取經團隊的領導者，如果不能管理團隊中的成員，取經大業如何實現？但是，從相反的角度看，唐僧用緊箍咒約束孫悟空，其實是單純地用強硬的制度約束團隊成員。這在團隊建立初期有一定作用。但是如果團隊成員長期處於高壓焦慮的工作狀態之下，這個團隊最終也會喪失生命力。

我們再深入剖析這個故事：在西天取經的路上，唐僧一共念了六次緊箍咒，第一次是唐僧試用緊箍咒，第二次是在觀音寺夜失袈裟的時候，第三、四次是在孫悟空三打白骨精的時候，第五次是分辨真假唐僧時，第六次是分辨真假美猴王的時候。這裡面只有三次是出於懲治孫悟空的目的，而這三次全部發生在取經路上的初期，也正是團隊組建的初期，此時，師徒二人相互之間的瞭解還不深，孫悟空跟隨唐僧是出於對唐僧的感激，唐僧接納孫悟空是因爲觀音菩薩的推薦。隨著二人相互瞭解的加深，各自吸引對方的優點在不斷增加，他們之間的關係也變得越來越穩固。這個時候，緊箍咒在唐僧管理孫悟空這一問題上就顯得不是很重要了。也正是從這個時候開始，取經的團隊開始變得穩定，凝聚力越來越強，這也是後來唐僧可以完全不用緊箍咒就能夠約束孫悟空的主要原因。

當然，唐僧不再用緊箍咒約束孫悟空並不表示緊箍咒就沒有用了，此時的緊箍咒已經與取經團隊的整體精神凝結在了一起，用管理學的話說，就是緊箍咒已經融入了取經團隊的團隊文化中去了。

這個經典故事告訴我們，在企業管理中，團隊需要領導者和管理制度作爲核心，而領導者和管理制度存在的終極目的不是管制，而是凝聚。

團隊的領導者是一個團隊的核心，一個優秀的團隊必然是一個凝聚力很強的團隊，這種凝聚力的形成與團隊的領導者有著直接的關係。我們打一個比方來說明這個問題：

想把一群蜜蜂聚集到一個箱子裡，至少有幾種方式。一種，我們可以把蜜蜂一隻隻捉來，放到箱子裡；二種，我們可以在箱子裡放置一塊蜜糖，引誘蜜蜂進入箱子；三種，我們可以找一隻蜂王放在箱子裡，蜜蜂們會自己進入箱子。第一種方法雖然使蜜蜂們都聚集到了箱子裡面，但其在被人強行捕捉的過程中大多已經半死不活了，即使部分體力旺盛者也會想方設法逃出箱子的。第二種辦法也使蜜蜂們聚到了箱子裡面，但當蜜糖被吃盡時，蜜蜂們也會紛紛離去。只有第三種方式，蜜蜂們會在蜂王的領導之下形成一個穩定的集體。

三種聚集蜜蜂的方式，其實可以代表三種管理團隊的方式：

第一種就是強硬的制度化管理，利用嚴格的管理制度規範團隊成員的行爲。這種方式雖然表面上能使團隊成員循規蹈矩，但這樣的團隊是絕對沒有戰鬥力的；

第二種是利用優越的薪資、福利建立團隊的凝聚力，這在企業營運狀態良好的情況下，的確是可行的。可一旦企業出現暫時的困難，團隊就會像吃盡蜜糖的蜜蜂們一樣散去；

第三種是管理者以其自身魅力及一定的規則使團隊形成巨大的凝聚力，以使團隊成員心甘情願地爲整個團隊服務。

作爲企業來講，我們必須要有嚴格的規章制度來約束企業成員和他們的日常行爲，不能讓他們互相推諉，任憑個人隨意地發揮，否則不能形成一個有序的共同體，阻礙團隊的發展。必要的時候，就要殺一儆百，約束關鍵人物，使得其他團隊成員不敢越雷池半步。

在整個西遊團隊裡面，如來佛和觀音，他們殺一儆百，約束住了孫悟空這個關鍵人物，豬八戒和沙和尚受到震懾，自然就不敢造次。作爲我們團隊的每個成員，每個人頭上都有一個金箍，只是孫悟空的金箍你能用眼睛看得到，我們自己的卻看不到。當我們在規則之內行事的時候，金箍彷彿不存在，我們一旦跨越規則，超越法治的底線，金箍就會發揮應有的作用，我們勢必也會因此受到懲罰。

作爲團隊的領導者，或者是執法者，必須要懂得法治、規章制度的真正作用。

完美團隊你也可以擁有

西遊團隊是無數管理者心目中當之無愧的完美團隊，也是無數優秀企業家想要擁有的團隊。當然，沒有人能真的拉著唐僧、孫悟空來爲我們的企業工作，但在認真分析領悟西遊團隊的管理「真經」之後，我們就可以動手打造出屬於自己的完美團隊。

一、念好團隊建設的「真經」

眾所周知，三打白骨精時，唐僧師徒四人的取經團隊剛剛組建，尚處於團隊的磨合期。師徒四人的價值觀、性格、經歷、心理狀態截然不同，師徒之間的溝通不足，默契程度不高。悟空火眼金睛，但性急，遇事不請示上級；八戒貪色、偷懶、饞嘴，喜好溜鬚奉承邀功，執行力較弱；沙僧的協調工作效果不明顯。同時作為上級的唐僧領導水準不高，戰術上輕敵，對取經的危險認識不充分，固執己見，不善於分析問題，不善於反思，不善於聽取不同意見，辨別真偽的能力有待提高，激勵手段不足，方法也有問題，有家長作風（動輒念緊箍咒），更加致命的問題是唐僧對主要目標信念不明確（見悟空殺「無辜」，居然認為取得真經也沒用），信心動搖，長期忍耐性不足，抗壓性不高，遇到挫折撂挑子，團隊的管理控制系統失效。

此時的取經團隊簡直具備了所有失敗團隊的特徵，唐僧落入白骨精的魔爪也就順理成章了。經歷這場災難後的取經團隊能夠吸取教訓，亡羊補牢，儘管風風雨雨，但是團隊的磨合逐漸演變爲一種默契，最終取得真經。

《西遊記》的故事發展歷程告訴後人：什麼才是團隊建設的「真經」，如何才能促使團隊建設達到一種默契的程度，進而實現目標。現實工作中遇到的問題使我們清醒地意識到：目前某些值得我們反思的事情，究其緣由，非兵不精，將不能，弊在團隊建設。如何把握團隊建設的前進方向，使之按照我們的預定計劃發展，將成爲當前的一個重要課題。

(1)目標明確，永不言敗。

一個團隊的奮鬥目標是團隊建設的旗幟，是團隊建設的共同願景，是團隊未來發展的前進明燈。因此目標必須明確，同時該目標必須具有戰略性、前瞻性、唯一性、可操作性、相對穩定性，不因爲干擾因素有所變更。一旦目標確立，團隊的所有行爲必須圍繞目標實現進行有效運作，爲目標的實現服務，嚴禁在目標實現過程中出現

「雜音」。團隊中的所有戰術行動必須統一於團隊的戰略目標，強調個體服從團隊的思想，必須根據外部環境的不斷變化，及時調整行動策略，確保目標的順利實現。

目標既是一個戰略的問題，又是一個共同願景的問題，同時更是一個抗壓性的問題。

俗語說：磨難是一種財富。經歷了磨難，並且能夠繼續前進的團隊才有可能成爲成功的團隊。現代的團隊建設理論強調爲目標奮鬥的團隊及其成員應該具有較高的抗壓性，能夠在遭受多次挫折後有一種堅韌不拔、不屈不撓、矢志不移的精神，善於在逆境中拼搏，總結經驗，奮發圖強，永不言敗（儘管唐僧後來也屢次落入妖怪魔掌，但是明顯讓讀者感覺其成熟了許多，這就是抗壓性明顯提高的結果），有一種不達目的誓不甘休的頑強精神。

就團隊建設的過程而言，這是一個不斷成熟的過程，不斷自我完善的過程，是一個工作成功的過程，而在遭遇挫折時，作爲黏合劑的就是「目標明確、永不言敗」。

(2)海納百川，系統整合。

認可了彼此的不完美，再以豁達、寬大的心胸接納，正視並盡可能化解矛盾衝突。

因此，悟空才能在屢遭師父驅逐後，還念及師徒情分歸隊；才能在屢被八戒讒言欺凌後，照例危急時搭救。而唐僧呢，發現誤會了徒弟，就能立馬悔過，念叨：悟空，你在哪裡？豬八戒、沙和尚身上，也無不體現出了這種豁達和寬容。顯而易見，唐僧師徒團隊，任何單個都難成氣候。恰恰是彼此相容了，才形成了巨大的能量，克服「九九八十一難」，完成了西天取經的終極目標。

「草木有情皆長養，乾坤無地不包容」。任何一個團隊，成員間的碰撞和磨合在所難免，唯淡定從容，求同存異，以坦蕩的胸襟和境界，以一顆至善悲憫的愛心，才能相容於團隊，並促進成員間的有效合作。

唐僧迂腐固執，悟空爭強好勝，八戒私心懶惰，沙僧明哲保身。每個成員都個性斐然：優點多，缺點也多。如何協調諸多矛盾呢？該有一套制約機制，才能在強調團隊意識的同時，最大限度發揮個人潛能。

因此，在小說中，作者設置了唐僧貴爲師尊，卻需悟空護佑周全；孫悟空神通廣大，還得受制於緊箍咒；八戒雖受「師兄」欺壓，卻有唐僧護短，或沙僧說情。團隊的動態平衡，使矛盾衝突總能化解，形成了凝聚力和戰鬥力，「大河流水小河滿」，各個成員也從集體中獲益。

中國象棋中各個子力相互依託、相互倚重，通過系統整合構築整體優勢，實際上就是這種思想的體現。

(3)**勵精求學，上下求索。**

假如唐僧念過《機率分析》，那麼在妖怪多次作怪後，唐僧可以運用其中理論，通過判斷上述事件的機率進而識別妖怪的伎倆。現實生活中，我們沒有唐僧幸運，能夠回回化險爲夷，但是我們比唐僧睿智，可以通過學習提高我們的綜合能力，進而逢凶化吉。

古人曰：非學無以廣才。本著「學貴精誠專一」的態度，以「學習型組織」作爲創建藍本，全面系統地學習現代社會各個方面的知識，促進團隊整體理論的提高和實踐的深化；同時調整理論的深度與正確性，不斷改善我們的方法論與思維方式，進而促使團隊能夠站在更高的視角去系統地觀察問題、考慮問題，提高我們操控駕馭各種突發事件的能力。及時將知識轉化爲現實生產力，以螺旋上升的方式，真正實現「二次飛躍」。

二、西遊團隊文化「四字訣」

進入廿一世紀以後，企業文化已成爲參與全球競爭的通行證，沒有這張通行證，企業早晚會被淘汰出局。那麼企業文化管理人員應該具備什麼樣的素質呢？《西遊記》的團隊管理文化值得我們借鑒。

(1)「定」字訣

企業文化是一種「看不見的資源」，同土地、資本、設備、人員等有形資源有機結合，能為企業創造出新的價值。

每一個企業都有其獨特的「看不見的資源」。豐田公司前任會長花井八郎說它「像空氣一樣重要，而且像家風和國民性（注：民風）一樣，是長年累月而形成的寶貴的文化遺產」。企業文化——「看不見的資源」，應該是企業之「道」。企業文化管理人員怎樣去把這種「看不見的資源」完整清晰地推廣傳達下去，是打造完美企業文化的關鍵點。

企業的個性文化一旦形成體系，就需要進行傳播和落實。除了做好企業文化的實施規劃和計畫外，企業領導的作用是非常重要的。領導者要身體力行企業的核心價值觀，同時領導者，尤其是高級領導者要利用各種方式傳播自己的文化，運用核心價值觀來指導和規範組織的行為，我們稱之為「佈道」。

西遊團隊中的唐僧為了到西天取經，歷盡艱難險阻，但是從來沒有放棄和氣餒，始終無比虔誠地推崇和信奉「佛」，任何困難和誘惑都沒有使自己的信念改變，所以最終經歷「九九八十一難」，取得真經。

企業文化人員要想弘揚和推廣企業的「道」，就應該具有唐僧佈道者般的定性，堅定不移地將企業文化推廣下去。

(2)「能」字訣

企業只有通過不斷的企業變革，拋棄不利於企業成長的習慣和管理方式，學習和利用有利於促進發展的管理方法和制度，在此過程中形成企業真正的文化。

我們可以通過一個模型來認識企業文化的形成：企業通過制度上的改變促進和培養員工的新技能、新能力，使他們達到行為上的改變，通過行為上的改變，讓他們對企業有一個新的認識和感知，經過一些時間，他們開始用新的態度來看待企業，就會慢慢形成或接近企業提倡的理念。企業文化的形成是一個良性循環的過程，沒有盡頭，體現在企業中的是生產效率的提高和凝聚力的增強。

做企業文化並不是簡單地去說，而是在不斷的推廣過程中，善於總結、長於交流、精於提升。在「方法——對象（認同感）——執行」這樣一個思路下，建立更打動人心的企業文化。

既要把企業文化提升到應有的高度，變成陽春白雪；

同樣也要把企業文化推廣下去，讓任何人都能悉心領會；

並且要把企業文化變成手冊上的理念，使它變得活潑起來，生動而深刻地讓廣大員工主動去接受。

(3)「雜」字訣

企業文化涉及知識層面非常廣泛，既包括了文學、哲學、管理學、社會學、邏輯學等多個學科，同時還必須瞭解和認識民族的風俗習慣、禮儀交往等諸多方面的知識。企業文化是傳播學，爲用的「全學」，百科知識、教育學、心理學，既要時尚又要傳統，還有行銷與法規。絕對靠素質勝出。這就要求我們企業文化人員是一個「雜家」，要求我們必須放寬眼界，博覽多學，不斷地充實自己。

說到這裡，我們就不由得想起了豬八戒。我們的企業文化管理人員應該有他的好胃口、大肚量，可以吸收一切對我們工作有幫助的知識和文化。只有在廣學博覽的基礎上，不斷融會貫通，我們才能不斷加深對企業文化的認識和理解。這樣，才能把我們的企業文化建設推向一個新的高度和深度，企業也才能適應日趨激烈的市場競爭。

(4)「勤」字訣

在《西遊記》中，沙僧勤勉刻苦，任勞任怨，爲了取經大業，不計個人的利益得失，無私奉獻，在取經的功績裡，有著他一份不可磨滅的貢獻。

長期來看，沒有強有力的企業文化，企業就無法形成自己的核心競爭力，在競爭日益激烈的市場上，是無法立於不敗之地的。今天，我們的企業文化從業人員必須深刻意識到這一點，更應該具備沙僧一樣的「實幹」精神，兢兢業業，一步一個腳印，不計個人私利，不計個人榮辱，無私奉獻，構建「方向」文化，爲了實現我們共同的「方向」而努力奮鬥。

三、跟《西遊記》學習，打造高效團隊

爲了尋求更好的「領袖之道」，作爲阿里巴巴創始人的馬雲，一直把看似無爲卻能掌控三位高徒的唐僧當作自己管理阿里巴巴的偶像。

相信對「馬雲經典語錄」津津樂道的人，一定記得其中這樣一句話，「唐僧是一個好領導人，他知道孫悟空要管緊，所以要會念緊箍咒；豬八戒小毛病多，但不會犯大錯，偶爾批評批評就可以；沙僧則需要經常鼓勵一番。這樣，一個明星團隊就形成了。」

綜合分析《西遊記》裡的故事，我們可以學到打造高效團隊的幾點：

一是讓「短板」變「長板」

團隊難管，不是說團隊本身難管理，是因爲團隊的成長需要一個過程，需要逐漸規範，需要不斷挑戰。

西遊團隊建立後，發生的第一樁事情就是：黎山老母、觀音、普賢、文殊等幾位菩薩試探取經團隊成員。他們測試的主題是「取經的意志和團隊成員的心態」，測

試的方法是：四位菩薩分別變成富裕人家的母女四人，由母親出面給她和三個女兒招女婿，用財和色來動搖取經團成員的意志。取經團隊四人，從指標上說，剛好一人一個。唐僧委屈一點，只有娶母親（黎山老母所變），其餘三個女兒（觀音、普賢、文殊所變），三個徒弟正好一人一個。

母親出場，首先就亮出了自己的富裕家底，亮出了自己的實際需要——「我母女四人正招夫，女兒又漂亮，你們剛好四人，恰好我們一人一個。招夫後，這裡的榮華富貴就歸你們享受了。你們也是，在這裡好吃好喝做家長多好，何必要那麼辛苦地老遠去取什麼經？」

唐僧聽得呆呆的，直翻白眼。八戒卻坐不住了，扭著屁股，心裡癢癢，提醒唐僧回答那母親的話，其實卻是他自己想搭腔。結果，八戒的心眼沒瞞過唐僧，被唐僧識破，大罵了一頓：「你這個孽畜！我們是出家人，怎麼可以貪圖富貴美色？」從這裡我們可以看出，八戒的女色防線已經鬆動了。

那母親繼續對唐僧展開攻勢，問：「你出家有什麼好處？」唐僧針鋒相對：「你在家又有什麼好處呢？」兩人你來我往地爭執起來，卻把那母親逼急了：「我一番好意，你卻不領情，我才不管你，你不接受，我也得招你下面一個人！」唐僧見她發怒，於是就退讓了，慌忙應付，失了原則：「行者，你留在這裡吧！」行者根本就沒興趣，於是叫八戒留下。八戒說了一句很含糊的話，假意推辭。行者又叫沙僧留下，沙僧堅決說不同意。結果，母女四人把門一關，茶水、飯食、住宿什麼都不給提供，把個取經團全晾在那了。

事到如今，團隊其實已經在發生著原則上的鬆動。首先是唐僧，雖然他自己沒答應做女婿，但他允許下面的人去做，忘記了自己的原則，等於說給了團隊成員一個暗示——你們可以去做。於是，下面的事情就接著發生了。

八戒剛才只是假裝推辭的，這下子見主人不理睬了，於是就抱怨唐僧不會做事情，搞得現在沒吃沒住的（其實你們不懂我八戒的心，我很想去做女婿啊）。後來，八戒假裝去放馬吃草，偷偷地去後院找母女四人求親。菩薩們見呆子很有熱情，於是就讓呆子留下來做女婿。呆子不知是菩薩們的計策，結果卻吃了大虧，被菩薩們戲弄一番，還被吊在樹上。

根據團隊木桶法則，團隊「短板」最致命。八戒這塊「短板」出現了。接著就是團隊是否接納他回歸團隊的問題。雖然行者反對，但唐僧和沙僧最終還是接納了他。

團隊的成長，需要大家互相認識、瞭解、包容，需要用原則去規範團隊成員的行爲，而不是當面對一定的壓力時，就放棄自己的原則。當我們真正瞭解團隊成員的弱點後，不妨多給那些團隊「短板」成員更多的啓發、幫助和實際支持，帶領他們一道前進。

二是讓穩定壓倒一切

唐僧將孫悟空從五行山下解救出來後，兩人就在思想觀念、行為上發生著深刻的矛盾。唐僧認為孫行者沒有愛心，到處逞能、闖禍，打打殺殺，孫行者認為唐僧假慈悲，不分善良邪惡；唐僧認為孫行者太敏感，把什麼人都看作壞人，孫行者認為唐僧好像沒見過世面，連個死耗子都被當作他爹他娘；唐僧認為孫行者辦事情不事先商量，也不和上級打招呼，孫行者說「你就是聾子的耳朵——擺設，跟你商量也白商量，不如我一個人辦事利索還習慣」；唐僧認為孫行者沒有發揮團隊作用，沒有尊重師父師弟們，更沒有充分發揮他們的潛力（取經前半部分），孫行者認為「你們（唐僧等）這些人都是草包，存在和不存在估計也差不離，天塌下來有我頂，有我保準行」。

一個團隊主要成員之間的觀念有如此巨大的差別，八戒、沙僧、白龍馬又各有性情和弱點，個個都自我感覺良好，如此團隊，這個「經」怎麼取？如此團隊，又怎麼維持和穩定下去？

團隊的穩定靠什麼？靠組織，靠機制，靠文化，靠服從大局。

孫行者覺得團隊難管的時候，就開始和唐僧討價還價，巧妙地把權力從唐僧手中

「拿」了過來，順理成章地統帥取經團。唐僧完完全全地成了一個名義上的領導人，成了一個師父角色。這是一個有利於取經團隊的機制。至少，大家已經成爲了一個組織。從孫行者捉弄豬八戒巡山那次開始，孫行者獲得了指揮權力，也開始了他正式的領導生涯。取經團已經不再是一個師父徒弟組成的班子，而是一個正式的組織和團體了。

三是謹防團隊的「死穴」——合作假象

人們往往將事情想像得十分理想，而忽視了團隊的「合作假象」無處不在。團隊所不能戰勝的，往往並不是一些能夠放上桌面的東西，而是那些不爲人所知的隱患。「合作假象」是團隊的「死穴」，它可以讓你宏偉的計畫變得沒有一點聲音，也可以讓你投入的大把金錢像打「水漂」一樣毫無結果……

穩定一個團隊的性情和精神不是一件簡單的事情，哪怕是幾個人的團隊。事實上，我們失敗的根源在於：我們經常極端地認爲團隊已經不存在「不合作」的問題了，於是就想當然地相信了團隊成員的「合作假象」。如此下去，我們就走入了受假象困擾的陷阱。

例如，唐僧多次因自作主張被妖精捉走，孫行者多次救唐僧出險境。唐僧反覆再三地承諾：一切聽你老孫安排，我老陳再也不做主私自行動了。兩個傻師弟也說老孫厲害，我們就聽你的。聽信了他們的話，孫行者以為之後他們會很聽話，卻沒有想到，這些傢伙「好了傷疤忘了痛」，說一套做一套，多次自作主張，有幾次，害得孫行者差點連命都送掉。「合作假象」，團隊的「死穴」啊。

團隊的成員因為一兩件事情的齊心合力或者言語的承諾、認可，並不代表團隊成員真正可以做到為團隊目標而統一行動，並不代表團隊就可以順順當當，風平浪靜。因為團隊成員根深蒂固的特性會隨時爆發出來，從而引發新的矛盾，產生新的分歧，進而影響到團隊的穩定。留心團隊的矛盾反覆，防止團隊矛盾的再度激化，並事先預測，時時溝通梳理和即時妥善處理，才能避免矛盾的嚴重化，避免事情發展脫離方向。

四是人人對團隊負責

「三打白骨精」時，豬八戒和孫行者過不去，在唐僧面前一番冷言熱語，搬弄是非，偏說是孫行者打死了好人（其實是白骨精變的），氣得唐僧趕走了行者。後來，唐僧等人碰見了妖怪，妖怪把唐僧變成了老虎，把沙僧也抓走了。白龍馬變成宮女去行刺妖怪，卻被打傷。豬八戒回來了，準備散夥走人。白龍馬把自己救師父被打傷的事情說了，可八戒還是要鬧散夥，於是，白龍馬咬住豬八戒的衣服不放，止不住眼中淚說：「師兄，你別走啊，你要救師父，就去請大師兄來，給我們都報仇啊！」八戒見白龍馬這樣誠心，這樣盡心，感覺有點慚愧，心想：我再不去請人，就連這馬都不如了。於是就決定到花果山走一遭。

影響團隊的負面因素很多：沒有真正的目標；互相計較和依賴；缺乏計畫或有效行動；孤立團隊成員；搞個人英雄主義；不敢於承擔責任；個人性格不成熟；經驗和理解錯誤；意見分歧……但如果沒有人對這些問題負責，團隊肯定會出現障礙。

團隊如果僅僅局限於形式（例如組織、崗位編制），不面對具體的內容（合作機制、溝通文化、專業水準等），負面因素就將隨時浮現，從而阻礙團隊的發展。家庭、企業、事業、機構等皆如此。形式也好，內容也罷，都是由團隊成員一起創立的，而不僅僅是某個人的義務和責任。

具體來說，現代企業管理應該從中得到幾點借鑒：

◎用人之長，容人之短

在馬雲看來，一個企業裡不可能全是孫悟空，也不能都是豬八戒，更不能都是沙僧。「要是公司裡的員工都像我這麼能說，而且光說不幹活，會非常可怕。我不懂電腦，銷售也不在行，但是公司裡有人懂就行了。」馬雲認爲，中國的企業家應該學習唐僧，用人用長處，管人管到位即可。

畢竟，僅憑企業一人之力，永遠做不大，團隊成長才是成長型企業必須突破的瓶頸。

德國最大的航空公司——漢莎航空公司自一九九六年開始採用新的經營原理和改進服務工作，發揮「團隊精神」，把每個人的潛力發揮出來，取得了明顯效果，使公司得到了長足的發展。

在漢莎航空公司，從董事長到各個部門的領導人，在一年之內至少有一次（時間至少為一周）下到為乘客服務的第一線，親自做各項具體工作，如驗票、預訂機票和為機上乘客送葡萄酒等飲料。這種做法體現了一種團隊精神，使員工瞭解了除自己本職工作以外的其他工作的性質，能更好地使員工相互理解、相互合作，並且，這樣做還改善了服務品質，提高了工作效率。

公司負責行銷事務的一位董事說：「從一九九六年十一月一日起，我們推出全新的服務，就像汽車廠推出新車型一樣。」這位董事考慮的是，由於成本高昂，航空公司幾乎不可能再從價格上賺到錢，因此必須在改善服務上狠下工夫。

由此可以看出，企業中各個小組共同合作，各個環節有效銜接，使制訂的計畫有步驟地實施，強調團隊合作的作用，不斷改進服務，就能把管理工作做得井井有條。只要有和諧的團隊，就能使企業穩步發展，不斷提高效益。

◎學會共同成長

李白說：「天生我材必有用。」每個人在適合他的位置上都有可能成爲人才。所以沒有人才和庸才之分，只有人才和潛在的人才。這說明古人已經有了類似的用人理念。比如戰國四公子之一的孟嘗君當時就以招納賢才而出名，據說他擁有「食客三千」，人才類型乃至個性氣質非常駁雜，甚至雞鳴狗盜之徒也混跡於其中，如果勉強算人才的話，也只是偏才與怪才，時人就對此不解。沒料在時局劇變之時，由於孟嘗君人才儲備雄厚，在關鍵時候又可堪大用，成就了他的事業。

也許孟嘗君的例子有些極端。但舉這個例子，並不是說我們可以置團隊的目標於不顧，而恣意搜羅一些毫不相干的人才進入團隊。我們應該得到的啓發是：作爲團隊，其人才類型和人才的個性氣質的「頻譜」應該擁有一定的寬度。比如作爲一個企業，只有擁有了類似的人才構成，才能在激烈的市場競爭和多變的市場環境中，擁有相應的柔性和相應的應變能力，企業才會增加生存發展的機率。而團體的人才和氣質的「頻譜」要有一定的寬度，取決於團體應該具備的包容精神，要有容人之量。我們平常所說的「容人之長，容人之短，容人之過，容人之功，容己之仇」，就體現了這種包容精神。

沒有完美的人，卻有完美的團隊；擁有了容人之量的團隊，才有希望成為一個完美的團隊。

職場反思：

1.你經常覺得身邊的同事在拖累你嗎？

2.你總是把自己的同事當成敵人一樣提防嗎？

3.你覺得以你的實力即使沒有團隊幫助也能把事情做好嗎？

提示：

1.現代企業需要的不再是個人英雄主義，而是團隊精神，因為團隊的力量才是最大的。

2.良好的合作能力是個人能力的重要組成部分，懂得利用團隊力量的人，才容易得到成功。

3.人與人之間存在的不止是競爭，合作也同樣重要，有時合作甚至可以在關鍵的時候力挽狂瀾。

◆延伸閱讀◆

唐僧的績效管理之道

為了下面分析方便，姑且把唐僧、孫悟空、豬八戒、沙僧視為一個西天取經的公司，在這個公司中，唐僧決定主要的戰略目標，可以算是這個公司的董事長；而孫悟空則是主要戰略的執行者，算是這個公司的CEO；豬八戒則是這個公司的中層管理人員；沙僧是這個公司的一般職員。

讓我們看一看這個公司是如何進行考核的。

在這個公司中，首先對CEO的考核是非常必要的，因為他工作的好壞，直接影響到整個公司的發展。由於唐僧他自己無法辨別妖怪，常常把化為人形的妖怪當作好人，這也就是說唐僧無法就孫悟空打妖怪的過程進行控制。起初唐僧在考核時，過分地關注過程，而忽略結果，並且摻雜過多的個人價值判斷，這樣考核的結果無法令人信服。在對考核結果的反應上，唐僧一味以懲罰為主——念緊箍咒，孫悟空的辭職也就再正常不過了。在這裡就涉及到一個過程的考核與結果的考核，究竟以什麼為導向？

對高層來說，每個人都有不同的處理問題的方式。況且孫悟空的工作具有很大的不確定性，如果從過程來考核，難免會給孫悟空的工作帶來很大的障礙。

唐僧開公司的目的是到西天取得真經，他的任務是明確取經的路線，制定大的戰略，怎樣達成戰略是孫悟空的事。

只關注過程的考核，會導致一些不必要的麻煩。比如說後來的無底洞事件，由於唐僧堅持認為老鼠精變的女子是好人，從而否定孫悟空的判斷，結果被老鼠精擄去，差點破壞了整個取經計畫。既然把孫悟空聘用過來，就應該相信他的能力，你的考核只針對結果就好了。

如果你對孫悟空還不完全放心，你要做的應該是建立完善的激勵體制，統一孫悟空與公司的目標。也就是唐僧應該就取經的願景與孫悟空充分溝通，這樣，孫悟空對公司經營的好壞與自己的利益得失間的關聯度就有了很大的認識，這也就是為什麼到後來取經時，孫悟空更加努力了的原因。至於控制方面，唐僧有緊箍咒就已經足夠了。這種控制實際應用得很少，但卻給了孫悟空一定的心理預期，自己的行為不端可能會招致懲罰。這樣的話，整個西天取經公司的高層考核機制就比較完善了。

而對豬八戒的考核，過程更為重要一點。他的工作主要是一些日常工作，而工作的成果比較難量化，這時過程的控制監督就非常必要了。而唐僧不具備這種監督的能力，於是對豬八戒的考核主要由孫悟空來執行。孫悟空通過一些不定期的抽查，從而規範豬八戒的日常行為。對豬八戒的考核關鍵還在於明確他的定位，對他的評價應該針對他交代工作的完成情況。但是公司對豬八戒的定位模糊，沒有確定的職位說明，導致豬八戒什麼事情都幹過。因此在對他進行評價時，就很容易忽略其工作業績，而對他的一些個人品行糾纏不清。按照功勞來說，豬八戒大於沙僧，可最後沙僧的績效獎卻比豬八戒多。

只是因為沙僧的個人品行比較好一點，但是這種個人品行的好壞與工作業績的好壞並沒有必然的聯繫。而且個人品行是一個很抽象的東西，通過考核去鑒別品行的好壞無疑具有相當大的難度，並且這種品行還具有很大的欺騙性。考核的作用是提高公司的整體績效，這是根本目的，當然這並不是說品行不重要。個人道德的好壞與他所處的環境有很大的關係，也就是說企業文化對員工的個人行為的規範起到了一個引導作用，而這並不能通過考核來達到。

我們在考核時，一定要界定好考核與其他職能的分界線，套用一句老話：考核不是萬能的，沒有考核卻是萬萬不能的。

[第二章]

西遊員工的從業心態管理

從業心態，簡單來說就是：為什麼要參與這份工作？為什麼要加入這個團隊？用董事長如來的話來說，取經的目的就是：普度眾生。專案經理唐僧也是對此深信不疑：弘揚佛法。當然，也正因為他對此的堅定信念，才得以成為這小組的領導者。

然而員工是不是這樣想的呢？團隊中技術最好的悟空、散漫而調皮的八戒、穩重踏實的沙僧、只做不說的白馬，仔細一分析，沒有一個是為「普度眾生，弘揚佛法」的目標而加入這個團隊的。

管理者們看到這裡肯定要苦惱了，我們企業的目標不好嗎？為什麼基層員工會這樣呢？

智慧的如來和觀音難道不知道嗎？不，他們很清楚自己的員工，瞭解自己員工的真實從業心態。因為每一個員工都是他們挑選的，而且他們知道自己有能力讓員工實現自己的需要，並且他們也真心實意地幫助員工實現了自己的需要。

四個徒弟為什麼跟著唐僧打工

唐僧手下的徒弟們個個出類拔萃，即便不是威震一方，也是天庭名將，爲什麼他們願意一步一個腳印地跟在唐僧後面去取經呢？支持他們老老實實當打工族的堅定從業心態究竟從何而來呢？

一、為什麼唐僧是一個領導者，而孫悟空只是一個打工者

唐僧究竟有什麼東西是孫悟空沒有的呢？究竟是什麼因素讓唐僧是一個領導者，而孫悟空只是一個打工者呢？

第一個東西，唐僧有，而孫悟空沒有的是「崇高信念」。

唐僧在自己的崇高信念面前，丟掉性命都不會眨眼，而孫悟空就不會了，他能力

很強，但是他沒有堅定不移的信念，多次打退堂鼓。沒有信念的人，就不能給別人信心，就不能給別人動力，遇到困難就容易退縮。領導者都膽怯了，退縮了，團隊就會散掉。而信念不夠崇高也不行，自私自利的信念，小富即安的信念，都會讓別人離你而去。我們對比一下《水滸傳》裡的宋江，一個沒有崇高信念的人，最後被招安了，他的最高理想就這樣，所以他同時也葬送了他的團隊。

現在有些企業家總是抱怨員工忠誠度不足，剛剛學會點業務，就跳槽了；剛剛結交幾個客戶，就自己去開公司了。這當然有社會的因素，有員工本身的原因，但是企業家也要自己檢討一下自己，你自己是否有崇高的信念？一個企業的終極目標是爲老闆創造更多的利潤，並留下最多的錢給他的子女；而另一個企業的終極目標是爲社會提供更加優質的產品和服務，老闆更是在去世之後把多數個人財產捐給社會。請問哪一個企業更配擁有忠誠的員工？

第二個東西，唐僧有，而孫悟空沒有的是「無能」。

「無能」也是一種領導者的財富。唐僧那麼無能，於是他就會欣賞有本事的人，能夠包容能人們的其他缺點，才能找到三個有本事的徒弟來保護自己。如果唐僧神通廣大，孫悟空就不會願意跟著他了。正是因為唐僧無能，所以孫悟空就有了用武之地，他才可以在唐僧那裡充分實現自己的價值。

而唐僧就不會，別看他什麼都不會，但是他卻很安全。當年司馬懿抓住蜀國的一個小兵，問小兵諸葛亮每天都幹些什麼。小兵想這個不算情報吧，就說丞相凡是責罰二十杖以上的軍法事宜，都要親自監督。司馬懿就知道了，諸葛亮肯定會被累死。太能幹的領導者，敵人沒來，自己就先累死了，而唐僧這個無能的「長生肉」，卻還能一直很安全。

第三個東西，唐僧有，而孫悟空沒有的是「仁德」。

唐僧的仁德之心使他對妖怪都會心生憐憫，自然不會惡意算計自己的下屬，剋扣他們的工資，欺騙他們加班，對他們進行洗腦教育，利用他們承擔法律責任，規避自身風險等等。雖然唐僧利用三個徒弟來保護自己，但是又絕對沒有惡意剝削他們的意思，而是帶領他們一同努力，共同成長，一起成功。最後，唐僧的三個徒弟都有了自己的成就，唐僧也沒有像趙匡胤一樣「杯酒釋兵權」，或者「狡兔死，走狗烹」。對比孫悟空，他的這種意識就差遠了。他後來成了「鬥戰勝佛」，而他花果山的猴子們呢？還是一群猴子罷了。

第四個東西，唐僧有，而孫悟空沒有的是「人際關係」。

唐僧的前生就是釋迦牟尼佛的弟子。而孫悟空天生地造的一個沒有任何人脈關係的石猴子，雖然也拜了一個師父，但是和師兄弟關係都不好，還被師父趕走了；和牛魔王拜把子，後來又鬧翻了；和東海龍王是鄰居，還搶了人家的東西；和二郎神等一些天官天將是同事，可是不給人家面子，後來還大鬧天宮踢了很多人的屁股。總之，孫悟空的人際關係不大好。而唐僧就不同了。他見到神仙就磕頭，沒有任何仇家；他不僅是如來佛的弟子，還是唐王李世民的拜把兄弟。人神兩界的高層關係他都有了。人際關係不僅僅是好，而且還都是高層關係，通天的關係呀。這樣的人做老闆，就會順風順水。

社會是由人構成的，這個地球如果沒有了人，一切財富、一切物質都沒有任何意義。人是這個世界上最本質的資源，是所有財富的創造者。如果把一個大的國有公司交給一個經營能力很強但個人品德有問題的人，那麼經營風險就相當大，因為這個人很可能以權謀私，導致國有資產的流失。不如交給一個經營或技術開發能力不強但清正廉明的人，因為這樣的人完全可以去聘用業務能力強的職員來幫他管理公司。

二、唐僧為什麼能領導四位徒弟

我們看看唐僧四個徒弟的履歷：

大徒弟孫悟空，有七十二般變化。當年在花果山拉起隊伍造反，自立為王，最後被招安。他做過「齊天大聖」，一個筋頭十萬八千里，大鬧龍宮、地宮和天宮，惹得天上的神仙不得安寧，最後被如來佛降服，判了五百年有期徒刑，壓在五行山下。

二徒弟豬八戒，曾經是掌管天庭水師的天蓬元帥，也就是說是海軍司令，因為酒後對嫦娥姐姐進行騷擾，惹怒了玉帝，流放到民間。

三徒弟沙和尚，當初是玉帝身邊的捲簾大將，也就是相當於人世間皇帝最親信的警衛部隊——御林軍的高級軍官，因為失手打碎了玉帝心愛的琉璃燈，被放逐到流沙河，在那裡興風作怪。

四徒弟，也就是馱著唐僧走到西天的小龍馬，是西海龍王的三太子，因為忤逆不孝，縱火燒了宮殿上的明珠，被父親告發，犯了天條，被流放。

你瞧瞧，這四個徒弟，哪個是省油的燈？可以說當初沒一個是好好讀書、好好工作、好好生活的良民，而都是桀驁不馴、不怕闖禍的傢伙。可唐僧卻率領這四個問題分子，組成一個取經團隊，完成了去西天取回真經的重大任務。而且在取經途中，四個曾經犯過罪的徒弟洗心革面、兢兢業業，不但洗清了自己身上的罪孽，還修成正果，被佛祖論功行賞，封爲各種級別的佛、使者、羅漢等，重新進入核心幹部行列。

什麼叫好領導？實踐證明，唐僧就是好領導。因爲他領導的團隊不但順利完成事前的工作計畫，而且使團隊中的每一個人在工作中得到提升，這種提升包括業務能力、個人品德、合作精神。

唐僧能領導四位徒弟，幾個重要的原因如下：

⑴這個團隊有很好的激勵機制，也有非常明確而又現實的遠期目標和近期目標。激勵下屬既要有遠大的目標，又要有眼前的利益，二者缺一不可。如果只有遠在天邊的目標，而職員短時間內卻得不到好處，這樣的目標很可能變成海市蜃樓；相反，如果只有眼前的小利益而沒有長遠的大目標，團隊中的成員得到眼前利益後，就可能另謀出路，使團隊很難穩定。

唐僧的取經，遠期目標從一開始就十分明確：去西天取經。爲這一目標，唐朝的皇帝和觀世音菩薩對唐僧充分授權，並給予了大力的支持，然後成立公司，按照完成這樣遠大目標的要求招聘員工。

可光有遠大的目標是不夠的。一個公司如果不能對員工近期的收益有起碼的保障，僅僅靠用公司發展的藍圖去吸引人，人家以爲你是在忽悠他，沒人會上當。所以如來佛、觀世音對孫悟空等這些能保護唐僧去西天取經的徒弟，給的最大的誘惑是：可以解除對他們的刑罰。這對當年呼風喚雨的人來說，是多麼有吸引力呀。悟空被壓到五行山下後，觀音已經關照了他，要想刑滿釋放，只有跟隨唐僧取經這條路，八戒、沙僧、小龍馬都是如此。你要知道，犯人若是爲了減刑，那工作的積極性是非常大的。何況還有取經成功後，重新進入主流社會更誘人的遠大目標。

(2)背後有強大的團隊在支持。

員工畢竟能力和職權有限，在遇到工作困難時，是急切的需要團隊和領導者能給予幫助的。試想一下，如果師徒幾人在被各路妖精擋道時，如果不是心中有信念，「我們不是孤立無援的，我們是有人在關注的」，估計這幾位的心理早已被折磨得千瘡百孔，喪失了戰鬥力。特別是專業經理唐僧，要不是總經理觀音明裡暗裡地出招，做一些管理技巧的重點培訓和輔導，孫猴子他都奈何不得，更別指望悟空之後給他做市場拓展了。

四位基層員工心裡也很明白，我們背後有強大的團隊在支持。員工有時遇到難關了，企業會提供一些培訓，以保證他們技術可以升級；必要時，企業還可以請其他小組的專家來指導或應對，所以員工才無後顧之憂。員工們才能努力地拼殺在一線，全心全意地爲團體目標而服務。

不過，有時候，我們的員工是否真的能理解、接受別人的幫助，正確解讀背後的「支持」呢？

拿孫行者來說吧。觀音菩薩為了試探唐僧師徒取經的真心，於是懇請太上老君為取經團設「障礙」，分明是考驗他們啊！她還故意派人散佈謠言，說平頂山的妖怪是多麼厲害，以瓦解取經團的「軍心」。八戒聽了後，就要鬧散夥，被一頓好罵。後來，取經團還是繼續前進，並在孫行者的帶領下，成功地瓦解了金角、銀角大王家族，並收了妖精的五件寶貝——一個葫蘆、一個淨瓶、一把寶劍、一把扇子、一根繩子。就在孫行者高興得屁顛屁顛的時候，沒想到，太上老君來了，他找孫行者討還寶貝，並聲稱這前後的事情與自己無關，完全是受了觀音菩薩的委託。前來考驗取經團的真心。

行者不聽也罷，一聽就十分光火：「好你個菩薩，當面一套，背後一套，不夠意思！你說放我出來，叫我保護唐僧取經。我說路途艱難不易走，你還說到急難處會親自來救我。如今不但不救我，反而還故意派妖精來害我！」

孫行者對待這件事情的態度，在我們生活、工作中比比皆是。我們經常這樣輕而易舉地把人家對自己的幫助、栽培反而看成是一件對自己大不公、大不敬的事情。從行者對觀音菩薩的理解來看，行者是大錯特錯了，因為他不知道觀音栽培他們的用心。如果不克服團隊的發展障礙和個人的一些致命弱點，堅定他們的意志，是很難讓成員到達西天，進而蛻變成佛，取得成功的啊！

那麼，在現代企業中，我們如何像觀音一樣，如何正確地幫助員工成長？這是很多管理者需要思考的問題。一個優秀的員工不是僅僅做好目前的工作就好了，需要在日常的工作中不斷地成長。這種良性的成長不僅需要員工自身去努力，在一定程度上也需要企業的幫助，因此幫助員工成長也是企業的任務之一。那麼如何幫助員工成長？以下的方法雖然不是放之四海而皆準的金科玉律，但這些都是從實踐中得到有效驗證的，或許對大家會有所啓發。

善於給壓力

在職場中，真能自己給自己壓力，並做出改變、要求上進的人是不多的，所以我們經常會面對一大幫子看起來似乎不夠主動的員工，要他們主動地學也是不太現實的。既然我們身為管理者，就負有去幫助他們成長的責任，那麼或許我們可以通過給他們施加壓力，讓他們清楚地知道該怎樣努力。壓力在短時間內不一定能改變員工，但是只要你有足夠的耐心，沒有什麼是不可能改變的。

給下屬樹立典範

每個人都有影響力，影響的範圍是根據每個人的職位而言，越高級別的管理者，影響力越大。也就是說，如果一個公司衰敗了，絕不是因爲基層員工，因爲基層員工再有影響力也很難影響公司的整體戰略，而高層領導則不同，他們的一舉一動都牽繫著公司的發展，他們的一舉一動更能成爲員工紛紛效仿的目標。如果領導者勤懇，作爲下屬，也不敢懈怠。如果領導們行爲不端，下屬們則會認爲領導者都那樣，又有啥資格要求我們要規規矩矩呢？

所以，典範的作用就是以自身來影響員工，讓員工看到一個正在往前奮鬥的榜樣，在某種程度上，這種影響力比花費無數口舌還要有用。

要放手，更要督導

員工成長的體現自然是以能勝任更多的工作和困難爲標準。優秀的員工是能夠承擔上司的部分工作的，但是由於下屬的視野並不如上司，在考慮問題上難免有偏頗之處。如果我們全部放手，員工自己做錯了還不知道呢，而如果是一些重要的事情做錯了，管理者也很難逃脫責任。所以，如果既要保證工作完成的品質，又想更好地幫助員工挑起重擔，放手是必要的，但是在放手的同時也需要不定時地進行確認和指導。

培養員工自信心

員工的自信心如何，與管理者能否正確引導和激勵是有很大關係的。千萬別說員工不行，當你這樣說的時候，你是在放棄員工，同時也是在放棄自己幫助員工成長的機會。

培養員工獨立思考的習慣

如果工作可以不費任何心思，估計沒有人願意把問題往自己身上攬。而很多管理者又是喜歡直接指揮下屬做事的，於是下屬的獨立思考的能力就會被隱藏起來。由於缺少鍛煉的機會，到最後管理者很累，而員工什麼也沒學到。

不斷地拋問題給員工，在非不得已的情況下不給他們答案，讓他們自己去思考如何解決問題。在最開始的時候他們會感覺到壓力很大，有個別甚至很難適應，但是請告訴他們，只要肯思考，沒有問題是解決不了的，有的問題還可以有很多種解決辦法。

(3)企業與上司守信用，團隊更穩定。

員工爲了達到自己預期需求的目標而工作，但目標畢竟是預期的。團隊目標和個人目標之間並不一定會有等號，團隊目標的實現不一定就代表著個人需求的滿足。因爲員工個人需求的滿足是有條件的，就是制度的完善和團隊領導者的言而有信。

在西遊團隊裡，員工們對如來和觀音是很信任的，這與如來和觀音這些高層管理者們一直以來的實際工作作風和態度有很大的關係。其實還會有員工心存質疑，比如悟空，曾好幾次地試探如來和觀音的可信度，想從領導者的可信度中來判斷自己是否堅持取經的任務，可喜的是每次試探得到的結果還都算滿意，所以才更堅定了他向西天前進的步伐。

可能有人覺得是否得到員工的信任，對領導者來說無關緊要，因爲員工必須按照領導者的意願行事。但事實是，員工對上級的信任與否決定其表現。對領導階層缺乏信任，員工行爲就會短期化——缺勤增加，拖延工作，準備後路，把建立對外關係看得比公司利益更重，要求短期現金報酬……這些行爲都會直接影響到團隊績效和部門效益。

當管理者的行爲值得信賴時，員工就會更加信任他們，進而鼓舞自己以更大的熱情投入工作，並展現出更大的積極主動性。反過來，員工更加熱情地投入，又會增進管理者對他們的信任。這樣，企業內就形成了一個信任的良性循環。

這個循環的開端，在於管理者通過自身行爲向員工灌輸信任。管理者的六種重要行爲，有助於在員工心裡撒下信任的種子。

一貫性和可預見性

如果管理者做事始終如一、可以預見、前後不矛盾，並且總向員工解釋各種決策和行動，就會在員工心中激發起更大的信任。反之，如果管理者做事衝動，經常朝令夕改、任意而爲，就會失去員工的尊敬。員工可能仍會聽從他們的命令，但由於不瞭解命令背後的道理，所以心裡非常沮喪。

正直誠信

僅憑決策的一貫性，還不足以在員工中間營造信任的氛圍。爲了贏得信任，管理者必須在行動中體現誠信，也就是說，他們的行動必須符合道德準則。這意味著管理者不能說空話，他們要做到言出必行，而且是切切實實的行動。

公開溝通

這是信任關係的另一個基本變數。不管真相會多麼令人不快，管理者也絕不能向員工隱瞞。如果管理者只是一味地回避問題，員工就更有可能自行其是，或者乾脆跳槽。

分派工作和授權

把工作分派給員工，並且授權給他們，這樣做也能激發信任。

關心員工

如果管理者對員工表現出真正的關切，留意他們如何融入團隊，就更有可能贏得員工的信任。在這一點上，關心最能幫助管理者激發員工的信任。

忠誠

爲了保持所建立的信任，管理者必須對員工表現出忠誠。當員工的工作遭到外界質疑時，管理者應該站在他們這一邊，爲他們辯護。即使最後證明員工有錯，管理者也要支持他們。

如果管理者能夠以上述六種行爲來對待員工，就會在員工心中建立起信任，而員工也會以同樣積極的工作熱情來回報管理者。

熱忱的員工會自覺地出色完成任務，並且不會只做工作合同中規定的內容。這種熱情還會推動員工與同事精誠合作，不計較是否在同一個部門、團隊或專案。企業內的信任氛圍就是這樣營造出來的。員工會因爲身處這樣的團隊而感到自豪，並做出積極的行動。當聽到有人批評自己的企業時，這種歸屬感會激勵他們挺身而出，捍衛自己的企業。他們還會積極參與企業發起的各種社會責任活動，簡而言之，信任力能夠確保企業這艘大船以適當的速度航行在正確的航線上。

在企業文化中，承諾、正直、誠實和忠誠對培養信任關係都極為重要。所有這些價值觀都可以轉化為行動，推動信任的良性循環，最終帶領團隊取得「真經」。

讓員工轉變心態主動去「取經」

員工在努力工作的同時，同樣在判別可能會影響自己個人需求實現的因素，一旦在判斷的過程中發現為團隊目標努力再多也與個人需求滿足無關時，就有可能停止自己的工作。

所以，想要團隊目標得到更好更快的實現，請不要忽視了員工的從業心態。瞭解自己的員工，瞭解他們加入團隊的真正目的，幫助他們，讓他們的個人需求和團隊需求儘量協調一致，而不是一味地用高尚的企業理念、嚴格的企業制度來激勵和約束員工，才會讓員工更好地發揮出自己的最大能量主動為團隊創造利益。

試想一下，如果如來定下的目標與唐僧、孫悟空的理想背道而馳，他們還有可能頂著「九九八十一難」去取經嗎？或者只是取到經而已，孫悟空一天能去好幾趟，何必歷盡劫難一步步走過去，但那又何談弘揚佛法呢？

一、扭轉「打工仔」心態

在傳統的管理學中，老闆與員工的關係很簡單：我是老闆，你是員工；你爲我工作，我付給你薪水；你幹得好，我就多付給你，你幹得不好，我就少付；如果不滿意，就請你另謀高就。在以前，這種觀念很行得通，放在現在則不然。持有這種觀念的企業管理者始終把員工看作是一個「打工仔」，而員工也始終有一種「打工仔」的心態，從來沒有把個人利益與企業大局聯繫在一起，這樣就造成了企業與員工的脫節，形成了久治不癒的「雙輸」局面。

在這種情況下，老闆必須改變自己對員工與自己關係的認識，徹底扭轉「員工只是打工仔」的心態。不僅如此，老闆要想在管理員工的過程中收到良好的效果，還需要消除員工內心認爲自己只是「打工仔」的心態，要讓他們認識到，自己不僅僅是爲老闆打工，更是爲自己打工，是公司的合作夥伴。

如果企業管理者忽視這一點，就不能真正地尊重員工，更不能消除員工的「打工仔」心態，員工自然也無法將自己上升到主人翁的地位。在這種惡性循環之下，員工對管理者只會產生越來越難以改變的惡劣印象。在這樣的狀態下工作，員工必然沒有激情可言，那麼企業也就沒有效率，更沒有效益可言了。

所以，消除員工的「打工仔」心態是管理者迫切需要解決的問題。

對此，你不妨參考以下一些意見：

全面瞭解自己的員工，包括他們的生活狀態與工作需求，並且盡可能地使他們的生活得到改善，需求得到滿足。

尊重員工，對員工的不滿與意見都要給予重視，特別是員工在工作中提出來的一些問題，要及時解決，對建議則要加以考慮。

樹立以人爲本的文化理念，向員工灌輸他們就是企業主人的意識。

讓企業的利益和員工的個人利益掛鉤，用這種「雙贏」的管理方法讓員工主動產生主人翁的意識。

二、管理員工時要多一些人情味

管好人的心靈，才能管好一切。因此，很多優秀企業的人力資源管理的一個顯著特點就是注重「人情味」，即給予員工家庭般的溫暖，以此來撫慰員工的心靈。

緊箍咒雖然好用，可唐僧也並不是時時刻刻都念，而是極力用溫情與關懷感化了孫悟空那顆頑劣的「石頭心」，最終與他齊心合力地取得了真經。

現代管理的根本之道亦如此。可以說，抓住了人的內心，就抓住了管理的關鍵所在。不謀人心者，不足謀企業。「人心」的力量是偉大的，它可以托起一個企業，也可以覆滅一個企業。

以平等的身分對待員工

在工作中，人人都是平等的，沒有貴賤之分。企業領導者應該以平等的身分對待員工，鼓勵他們發揮優點，並寬恕他們的缺點，尊重員工，特別是他們所發出的「不同聲音」，廣泛地傾聽員工的意見，讓他們的自尊心得到滿足，從而使他們產生「不負使命」的責任感和工作的積極性。如果員工處在被恐嚇和歧視的壓抑狀態下，他們的自尊心和生命價值得不到滿足和體現，就會產生自暴自棄、畏縮不前的不良情緒，這樣怎麼能夠認真工作呢？

作爲管理者，應對下屬充分尊重，哪怕是一個不起眼的「小人物」，也要尊重他。因爲每個人都有自尊心，都希望得到他人特別是管理者的尊重。作爲公司的管理者，不要高高在上，輕視員工，要知道，尊重和信賴員工，換來的是員工的信賴和肯定。

把公司願景與長遠目標告訴員工

只有當企業發展有潛力、有前景時，員工才會有信心、有幹勁。企業與員工的願望應該是統一的。一個員工，或者說一個人才，如果認爲企業沒有發展前途，其結果只有一個——跳槽，只不過是時間早晚的問題。

在一個有充分發展活力、有充分歸屬感的企業，員工會很容易找到自己的平臺，看到自己光明的未來。員工看見了企業發展的理想或目標，就會主動地把個人的事業和企業的前途緊密地連在一起。

在企業中，目標就像燈塔，不僅爲航船指明前進的方向，還能給航船前進的動力。在鼓勵員工爲你打拼之前，領導者應該有一個明確的目標，並且爲企業的每一個成員都制訂一個定性、定量的目標，讓員工的激情與能力能夠有的放矢，這樣才能發動每一位員工爲企業的整體目標而奮鬥。

營造和諧相處的工作環境

音樂需要和諧，才能悅耳動聽；美術需要和諧，才能賞心悅目。同樣，一個組織需要和諧，才能高速發展。企業的最終目的，是讓員工眾志成城，調動員工的積極性與潛能，爲企業創造績效。管理者如同一個團隊的主心骨，引導著員工團結在他的周圍，充分發揮每一個人的能力，使團隊成爲一個和諧的「同心圈」，並不斷成長壯大。

從管理的角度來看，管理沒有完美，只有和諧。只有和諧才能發展，只有和諧才能進步，只有和諧才能實現管理的終極目標。作爲管理者，你既不要竭力回避衝突，也不要把矛盾激化。你必須要「以和爲本」，處理好企業內部的矛盾，使員工在和諧的氛圍中工作。

營造平等的工作環境

官僚主義的作風，具體表現爲管理者擁有絕對的權力，下屬除了服從命令以外沒有任何自由，而且對下屬的業績，管理者大搞「一言堂」，說好就是好，說壞就是壞，員工絲毫沒有辯解的可能。然而，事實證明，這樣的管理作風已經明顯不符合社會發展潮流了。管理者要想贏得人心，獲得信任，就必須放棄自上而下的控制與命令式管理模式，營造健康、快樂的工作氛圍。因爲只有這樣，員工的行爲才是「自主」

的，而不是被「管理」出來的。

在企業中，管理者要想清晰地表達自己的意圖，把自己想要傳達的每一項資訊都順暢地傳遞給員工，就必須營造企業內部的民主氛圍，開闢多個溝通管道，向員工表達一種關愛、信任和激勵的感情，從而打破冷冰冰的組織層級，最大限度地實現企業和員工的雙贏。

建立員工認同的價值觀

價值觀是企業文化的基石，為員工指明了奮鬥的方向，為他們提供了行為的準繩。管理專家認為，當企業的價值觀得到員工的認同時，就會產生一種積極的力量。一些心理學家注意到：如果員工知道他們的公司代表什麼，知道他們所擁護的標準，就能做出支持這些標準的行為，也會認為自己是組織內重要的一員。因此，作為公司領導人，要想使員工全身心地投入到工作中，關鍵在於統一員工的思想，建立員工認同的價值觀。企業在成長過程中，要儘早確定員工認同的價值觀，以激勵每一位員工不斷發展。

在企業中，如果員工的價值觀相同，就會團結在一起，向同一個目標努力，這將會形成巨大的凝聚力。當管理者在員工中建立起共同的價值觀和企業使命時，所有的員工都會在使命的引導下，自主自發地工作，為企業目標的實現貢獻自己最大的力量。

在冰冷的規章制度中融入親情

管理就是要依照一定的「理」來管。無「理」難成事，無「理」難得心。在企業管理中，這「理」就是規章制度。俗話說得好：沒有規矩，難成方圓。管理員工，除了要發揮管理者的個人魅力外，還要依靠規章制度這一有效的保障措施。不過，管理者需要明白的是，這規章制度不是單方面針對員工而制定的，不能冰冷無情，否則不但不能管好員工，還會引起員工的不滿。高明的公司管理者在制定公司規章制度時，都會儘量融入親情，給予員工人文關懷。

企業的興衰成敗在任何時候都是與員工分不開的。員工是企業得以存在的支撐力量，因此，如何對待員工以調動他們的積極性，便成了一個十分迫切的問題。人都是有感情的，管理者只有時時為員工著想，在冰冷的管理制度中融入一些親情，以拉近自己與員工的距離，才能實現管理者與員工之間的和諧相處，才能使整個企業迅速而平穩地發展。

三、結合員工的不同需求激發主動性

取經小組四位員工有一個共同的理想是：脫離當前的生活狀態，通過這份工作而得到更好的生存環境。雖然悟空是爲了自由，八戒、沙僧想的是如何回去做他們的「高官」，白馬想的是無拘無束的生活，但統一起來，還是因爲這份工作會讓他們得到他們需要的。

每個人的特質和生活環境不同，所以每個人的心理狀態也是不同的。一個人選擇一份工作，這份工作就一定要滿足他的某一個需要。而且作爲基層員工，他們的需要是很實際很具體的，就是切實有效地提高福利待遇，從而改善自己的生活狀態。要想基層員工欣然接受並認真執行企業目標，一定要將目標和員工的具體需求結合起來，要不然，無論多有高度的目標，都無法得到基層員工的認可和行動。

看看西遊團隊取得真經後團隊成員們得到的福利，你就能明白什麼是「雪中送炭」，什麼是「錦上添花」了。比如孫悟空，不僅得到了想要的自由，還獲得了「鬥戰勝佛」的稱號，既修得了正果，又能將猴子好動的天性淋漓盡致地釋放在正途上；好吃懶做的豬八戒，獲得了「淨壇使者」的稱號，盡享天下供奉，好不快哉……

董事長如來佛在策劃目標達成之後，貼心地為每一個員工切實改善了生活狀況，皆大歡喜之餘，員工們怎麼會不愛戴這樣的領導者？又怎麼會不賣命地去完成下一個工作目標呢？企業的良性循環自此也就建立起來了。

如今，人性化管理、人性關懷已成爲時代趨勢和國際潮流。以人爲本，在企業中表現爲以員工的身心健康爲本。一些企業也紛紛採用提高薪資、福利，進行培訓等方式激發員工的主動性和積極性，幫助員工解決心理問題。

「人性化管理理念」講的是關心人、激勵人，創造一定的環境和條件，開發人的良知、潛質和智慧，從而使人全面發展，實現自身的尊嚴和價值。更進一步說，人本管理是對人性的肯定和讚美，是崇高的信仰和情感。然而，許多企業在推行人本管理的過程中花費了大量的時間和精力，效果卻不甚理想。爲什麼呢？就是沒有緊緊抓住最關鍵的那個部分——幫助和引導員工實現自我管理。領導者更多關注的焦點是我給了你培訓、詳細的工作分析、合適的工資和福利待遇，還有其他的種種有益的人文關懷，你就得照著我所說的去做，達到一定標準，否則就不行。而他們很少想過，制定的這些標準和程序應該如何讓員工去實現，可能員工的想法比領導者更爲積極和有用。

員工自我管理雖然是可行的，也是一種積極的目標，但是真正做到卻非常不容易。不僅需要領導者具備培訓、幫助和引導的技巧，還需要他們有極大的熱情、耐心以及正確的信仰。

我們知道，IBM公司對員工的關心體貼以及其終身培訓制度一直為業界所稱道，還知道從小沃爾森時代一直延續到現在的鮮明的紀律文化。但是，可能有人不知道IBM的員工不僅能堅定不移地信守和奉行公司的價值理念、遵守既定的規則，同時還具有突出的創新精神。這是爲什麼呢？就是因爲員工已經在很大程度上實現了自我管理。

很多企業就是在這種相互關聯又相互矛盾的選擇中左衝右突：過寬，人可能會變得鬆散、懶惰和無所謂，影響目標的達成；過嚴，又可能會造成壓力，使人缺乏安全感而心生抵觸；寬嚴結合（所謂胡蘿蔔加大棒）更不行，它雖然能起到一些作用，但因其本身缺乏尊重和有明顯功利性，會掩蓋矛盾並影響長遠利益。這就是所謂「從一種迷惑陷入另一種迷惑」。

「引導和幫助」是實現員工自我管理的一個關鍵要素。

按照一般的觀點，「自我管理」被看成是個人對外界不成文的規範及要求的適應程度。在企業組織中，自我管理的涵義還應該補充一點，它還包括員工的自我激勵、員工對自身美德的讚賞和肯定，以及對如何進步、如何更好地幫助他人的自我鞭策。

員工自我管理的範疇大致包括：員工對企業組織「引導方式」的認同程度，對一定的文化價值體系理解和興趣程度，自律感、羞恥感、自我約束力以及自我激勵能力，工作中所表現出的主動性和能動性，對所承擔工作和達到組織所設定目標的自信心，克服困難和戰勝挫折的勇氣，對同事的尊敬和在工作中體現出的合作精神，對團隊及團隊精神的愛護，對學習、進步及榮譽的追求，等等。

有一點值得提一下，組織的引導方式和引導目標在較大的程度上決定了員工自我管理的效果。上面提到過，自我管理不是一種自發的現象，它需要引導，而引導需要定義——包括內容、方式和目標。

對人的心靈和人格的關注是組織引導員工實現自我管理的前提，這個前提也是企業能否做到永續經營的一個關鍵要素。我們要做到這一點，不僅僅需要高尚的品德和胸懷，還需要有做出犧牲的勇氣。

西門子公司有個口號叫做「自己培養自己」，反映出公司在員工管理上的深刻見解。和世界上所有的頂級公司一樣，西門子公司把人員的全面職業培訓和繼續教育列入了公司戰略發展規劃，並認真地加以實施。但他們所做的並不止於此，他們把相當的注意力放在了激發員工的學習願望、營造環境讓員工承擔責任，並在創造性的工作中體會到成就感，同時引導員工不斷地進行自我激勵以便能和公司共同成長。這種理念的前提就是，經過挑選的員工絕大部分都是優秀的，而且，公司也正是因為有了這些優秀的員工而獲得業績和其他利益的增長。

優秀的領導者，一定要結合員工的不同需求，因地制宜、因人而異的操作，幫助他們實現自我管理。

(1)需求成就感的員工——給他們分配一環緊扣一環的新任務

一些員工喜愛征服某些東西，他們不斷地給自己制定更高的目標並努力達到，以此來使自己的能力不斷提高。對這樣的員工，如果能給他們佈置一些使他們更加緊張並需要戰勝很多挑戰才能完成的工作的話，他們會感到很滿意。

可以利用他們想達到目標的動力以及打破常規的願望上，讓他們嘗試一些能夠檢驗他們的才幹進而培養技能的工作。

可以通過給他們分配一環緊扣一環的新任務，以此激勵，使他們能夠向著短期和長期目標努力，以創造良好的業績和成長記錄。

(2)需求權力的員工——讓他們發表一下自己的建議

一些人熱衷於對別人施加影響和對別人進行控制。他們喜歡被人關注而產生的那種以爲自己很重要的感覺。這樣的員工喜歡在開會的時候佔據中心位置，並發表大膽的、能引起爭論的觀點。有時，他們喜歡拋頭露面，從而吸引別人的注意力，比如自願去做小組的發言人。

這種人也許會在一個晚會上攔住公司的首席執行官，表達自己享受公司的額外待遇時的興奮和激動之情，以及奉承那些有權力和威望的外界人士。

對待這樣的員工，要像對待內部專家一樣，不時地要求他們發表一下自己的建議、想法。這樣，你可以不斷地瞭解到怎樣可以激勵他們工作，因爲他們一定會好好珍惜這樣的機會來發表自己的觀點，並觀察你是否嚴肅認真地對待他們的建議。

(3)需求歸屬感的員工——在能使他們暢所欲言的地方組織會議

那些想要有歸屬感的員工是最容易被激勵的，放任他們與同事們建立和諧、友善的關係就行了。但你應確保他們有大量的機會在非正式的場合與同事們認識，比如公司的野餐會和其他郊外活動等。

因爲對這些員工而言，他們認爲最有意義的是這份工作的社會性，所以，你可使他們感到自己是這個大的組織中的一員來激勵他們。例如，在能使他們暢所欲言的地方組織會議，而不是正襟危坐地聆聽演講或者正式性的發言。這樣，你滿足他們歸屬感的需要，他們回報你的將是全部的努力。

(4)需求獨立性的員工——讓他們自己安排自己的時間

一些員工最看中的是自立。他們想自由地完成工作任務，至少在某種程度上有一定的自主性。如果你對他們的一舉一動都加以控制的話，將會扼殺他們創造性工作的願望。

在管理工作中，假如你發現每當發佈新的公司政策或者工作程序，他們就很惱火時，那麼，你就應該明白，你所管理的正是這麼一群獨立性的員工。他們拒絕接受新的政策，反對專橫的主管。

瞭解這些員工的獨立性需求後，提高他們工作積極性的最好方法就是給他們設定目標之後，讓他們自己尋找達到目標的最好方法。注意不要表明自己的偏好，而儘量給他們自由，讓他們自己安排自己的時間，自己做出選擇，決定為完成工作所要採取的步驟。

(5)需求尊重的員工——多向他們表達你對他們工作的認同

一些員工在工作中僅僅想要獲得別人的一些尊重。假如他們感到被忽視或者「被驅逐」，他們也許會咆哮著衝出房間的。他們也許極端遵守公司的禮儀規定，身著保守的熨燙筆挺的套裝，行為舉止幾乎是完全軍事化的。假如能做到聆聽他們的講話，他們就會感到受到了激勵。當他們講話時，你應該點頭和保持眼神的接觸。不要他們一開口說話就打斷他們或者搖頭表示不同意。應該多向他們表達你對他們工作的認同，多給他們一些關於他們業績的回饋情況，特別是表揚。

儘管對所有的員工你都應該尊重，但是對這樣的員工，上述的行為就顯得尤為重要了。

(6)需求平等的員工——向他們提供客觀證據

也許他們會通過比較你如何管理員工的時間、工作的許可權、責任範圍、報酬和福利等，來確保沒有不公平的跡象存在。

他們會毅然承擔起監督你的權力行使是否公正。他們會毫不遲疑地告訴你對某件事情的想法，急切地指出你的管理方式和決策中存在矛盾的地方。

如果你想知道怎樣可以激勵這樣的員工的話，只需要像一位律師那樣考慮問題就行——向他們提供客觀證據，以證明你是一位公正的、可以平等相處的老闆。

有的領導者會問：如果我按你說的那樣滿足了下屬的需要，我能得到什麼好處？好處之一，就是**他們會為你賣命工作**。

另外還有其他的好處：

你將獲得卓越的駕馭下屬的能力。

當你認識並獲悉了促使下屬說話和做事的隱藏的動機之時，當你瞭解了他們隱藏在內心深處的需求和願望之時，再當你能拿出一份額外的努力幫助他們取得他們需要的東西時，你便贏得了駕馭他們的卓越的能力。他們會始終樂於做你讓他們做的事情。

你可以節省許多時間、精力，甚至金錢。

最成功的一些公司、企業和個人，總是能夠弄清楚他們的顧客在他們還沒有開門營業以前在想什麼。他們從不把時間、精力和金錢浪費在猜想上，他們是通過心理學方面的研究和市場調查來得知一個人的需求和願望的。知悉一個人的內心需求和願望，會給你帶來無窮無盡的好處。

你可以獲得影響、控制別人並與之交際的最大能力。

當你研究了人的行爲、完善了你對人的瞭解和認識之後，當你弄清楚了人們爲什麼要這樣說而不那樣說、要這樣做而不那樣做的時候，當你學會了通過分析他們說的話和做的事來判斷他們隱藏在內心的動機的時候，你就會發現自己影響和控制每一個與你打交道的人的能力在與日俱增。這證明你在獲得卓越的駕馭人的能力方面取得了成功。

唐僧的員工心態管理藝術

「縣官不如現管」，一支團隊的好壞直接取決於團隊隊長的管理水準高低。在西遊團隊中，唐僧的管理水準無疑是極高的，即便偶爾也會出現一些錯誤的判斷，但這恰恰也正是他值得我們學習的原因。因爲唐僧所帶領的總歸是一支人的隊伍。是人就會有犯錯誤的時候，但堅持信念一路向西，並在這個過程中將團隊成員們擰成一股繩，使他們力往一處使，直至取得真經，這當然就是唐僧管理的成功「果實」了。

一、以身作則，感動員工

唐僧取經路途漫漫，歷經磨難，挑戰頗多。有高溫炎熱的火焰山、漆黑冰冷的盤絲洞，有凶殘狡猾的妖魔鬼怪、充滿誘惑的女兒國。一般人在這些考驗面前難以堅持下來，不是在困難面前低下頭，就是在誘惑陷阱中迷失了方向。唐僧卻不同，他心中的目標只有一個，就是取得真經，再大的艱難險阻也不能阻擋他前行。他沿著一條正確的道路走下去，無論遇見什麼困難都不會改變。唐僧（領導者）的這種不達目的絕不甘休的精神感染了徒弟（手下員工），鼓舞了士氣，三人義無反顧地跟隨著唐僧（領導者）為取得真經而用盡全力，最終獲得成功。

作爲一位領導者，你可曾仔細想過以下問題，並從中找到真正的答案。

爲什麼許多人在沒有加班費的情況下，仍然自願而辛苦地加班？

爲什麼總有一批人爲你所設定的目標全力衝刺？

爲什麼總有一批人爲你毫無保留地奉獻他所有的才智？

多年來，許多人一直不斷地思索這些問題，終於得出一個驚人的答案：成功的領導者，百分之九十九在於領導者個人所展現的威信和魅力和百分之一的權力行使。而這種威信與魅力，正是來自於領導者自身的行爲。

古語說：己欲立而立人，己欲達而達人。這句話的意思是說，只有自己願意去做的事，才能要求別人去做；只有自己能夠做到的事，才能要求別人也做到。作爲現代領導者，必須以身作則，用無聲的語言說服員工，這樣才能具有親和力，才能形成高度的凝聚力。

所謂以身作則，就是應該把「照我說的做」改爲「照我做的做」，這樣才能起到更好的教育激勵作用。然而，現在有些領導者總對他的員工說「照我說的做」。可他們不明白，這是下下之策，真正的上上之策應該是「照我做的做」。

團隊管理者是一個團隊的先鋒，也是員工體會公司文化和價值觀的第一個接觸點。因此團隊管理者本身的工作能力、行為方式、思維方法甚至喜好，都會對團隊成員產生莫大的影響。作爲團隊管理者，就一定要勇當下級學習的標桿。管理者要想管好員工，必須以身作則。管理者要事事爲先，嚴格要求自己。一旦在員工心中樹立起威望，就會上下同心，大大提高團隊的整體戰鬥力。得人心者得天下，做員工敬佩的領導者，將使管理工作事半功倍。

日本前經聯會會長土光敏夫，是一位地位崇高、受人尊敬的企業家。土光敏夫在一九六五年曾出任東芝電器社長。當時的東芝人才濟濟，但由於組織龐大，層次過多，管理不善，員工鬆散，導致公司績效低下。土光接管之後，提出了「一般員工要比以前多用三倍的腦，董事則要多用十倍，我本人則有過之而無不及」的口號來重建東芝。

他的口頭禪是「以身作則最具說服力」。他每天提早半小時上班，並空出上午七點半至八點半的一小時時間，歡迎員工與他一起動腦，共同討論公司的問題。土光為了杜絕浪費，借著一次參觀的機會，給東芝的董事上了一課。

有一天，東芝的一位董事想參觀一艘名叫「出光丸」的巨型油輪。由於土光已看過九次，所以事先說好由他帶路。那一天是假日，他們約好在櫻木町車站的門口會合。土光準時到達，董事乘公司的車隨後趕到。

董事說：「社長先生，抱歉讓您久等了。我看我們就搭您的車前往參觀吧！」董事以為土光也是乘公司的專車來的。

土光面無表情地說：「我並沒乘公司的轎車，我們去搭電車吧！」

董事當場愣住了，羞愧得無地自容。

原來土光為了杜絕浪費，使公司合理化，以身作則搭電車，給那位董事上了一課。

這件事傳遍了整個公司，上下員工立刻心生警惕，不敢再隨意浪費公司的物品。由於土光以身作則，東芝的情況逐漸好轉。

領導者的工作習慣和自我約束力，對員工有著十分重要的影響。如果領導者都能夠按時上班，工作時間儘量不涉及私人事務，對工作盡職盡責，那麼他們在管理員工的過程中自然就會事半功倍。

二、知人善任，合理分工

團隊成員具有不同的業務能力和性格特徵，只有知人善任，根據其特長和能力分配工作崗位，並根據其性格特點進行適當的控制，才能最大限度地發揮其特長和積極性。

唐僧的三個徒弟各自有著不同的才能和性格，但他很恰當地進行了工作分配，並輔之以一定的控制手段。例如對業務能力強、工作積極但心高氣傲的孫悟空，一方面給他分配能夠充分發揮其專業特長的工作，如降妖除怪、在危險環境中探路等；另一方面也注意約束其行為，以防止其專業能力的過度發揮影響目標的實現。

這種情況在實際工作中很容易發生：對那些「技術高手」而言，很容易陷入追求技術上的完美以至於影響實施進度或成本的境地，此時，就需要經理通過一定的控制手段對其行為加以限制。

對業務能力中等但工作態度不積極的豬八戒，則讓他與業務能力強、工作積極的互相協助。《西遊記》中經常出現孫悟空和豬八戒一同打妖怪的場面，就是讓孫悟空督促他完成工作；同時充分利用其「善於處理人際關係」的特點，分配一些能發揮其特長的特殊任務如化齋、問路等。

而對勤勤懇懇但業務水準較差的沙僧，則分配給他技術要求不高，但對工作態度要求較高的規範性強但比較枯燥的工作（如挑行李等），這一點在許多管理過程中是很重要的：任何的實施過程都有一些枯燥但需要責任心的工作（如文書管理等），而將這些工作分配給那些能力稍差但踏實肯幹的團隊成員，往往能起到發揮其特長、提高積極性的效果。

準確的自身角色定位，是團隊建設的重要砝碼。事實上，一個企業、一個部門想要共同創造出優良績效，首先要明確工作的流程和基本的工具，對每個個體做出一個準確的定位。而最終導致績效不佳的原因，在很大程度上是由於成員對自身在組織中的定位缺乏認識，以至於定位不準、不足、不對，最終沒能發揮應有的作用，沒能盡到應盡的職責，反而起到了不夠積極的作用。所以，現實工作中的角色定位，一定要讓團隊成員更爲清醒地認識自己，這樣不僅有利於發展、培養、鍛煉他們的所長，更能充分提高團隊的綜合實力。

俗話說：尺有所短，寸有所長。如果全部都是將軍，誰來打仗？反過來，如果全部都是士兵，誰來指揮？因此，要進行角色定位，認定「我是誰」，「我」扮演和充當一個什麼樣的角色？「我」要做什麼，要怎樣做才能做好？在其職，做其事，盡其責。在團隊中，要真正做到讓每位成員職責清晰，分工明確，資源分享，沒有壁壘，從而使團隊實現高效。以下十條法則將教你如何打造一支合理分工的高效團隊：

法則一：團隊中的角色安排要清晰。

在團隊中，成員一旦出現角色模糊、角色衝突、角色錯位等現象，會使成員之間角色不清、互相推諉，最終將會降低團隊效率。只有清晰的角色定位與分工，才能使團隊邁向高效。

法則二：明確團隊成員職責。

團隊效率是與團隊成員的職責狀況直接相關的，要使團隊有效率，條件之一是團隊成員明白並接受各自的職責。職責不明、職責混亂，最終勢必降低團隊效率。所以，任何團隊要想達到高效，都必須做到職責許可權和工作範圍明確。

法則三：角色職責安排要以人為本。

團隊成員角色職責制定要堅持以人爲本的原則，就是要關注成員具備的素質和能力，根據每個成員的能力、特點和水準，把他們放到最適合他們的角色崗位上，給他們提供施展才華的平臺。最終使團隊角色職責安排有利於團隊成員發揮其專長並有利於其個人的成長。給成員安排有利於其成長發展的角色職責，爲成員的專長盡力提供舞臺，不僅能極大地提高團隊成員的主動性和積極性，而且有利於團隊產生出最高的效益。

法則四：世間萬物各有功用，人亦如此。

團隊中的每一位成員都是非常重要的，「一個都不能少」。因此，在團隊角色職責制定時，要恪守每一位團隊成員都同等重要這樣一種理念，才不至於在進行角色職責定位時，只強調這個成員而忽視那個成員，才能全面充分地調動和發揮團隊全體成員的才能、特長，進而成就高效的團隊。

法則五：角色職責制定要立足現實，做到期望值清楚，確保每個團隊成員理解團隊對他們的期望值。

立足現實，清楚期望值，就是對團隊成員要有一個全方位的認知，要分析團隊成員各自的性格特徵、能力、體力和環境等具體條件，並要瞭解和把握好團隊成員的期望值，進而根據這些認識去安排他們的角色職責。從而使他們的角色安排適當，充分調動他們的積極性，爲提高團隊效率貢獻力量。

法則六：團隊在設定角色職責時，要將團隊的表現作為最高的表現，而不是強調個人英雄主義。

法則七：要進行上下級職務雙向互動描述。

對上級而言，要能以高屋建瓴之勢俯瞰下屬的職責是否均衡覆蓋本團隊的所有流程和作業，組織分工，統籌安排。優化的組織結構和崗位設置，既可以防止人浮於事，又能保證合理分工。

法則八：溝通的方式多樣、靈活。

口頭溝通使人有親切感，但嚴肅或正式的溝通是以書面形式來進行的。要通過書面的形式讓員工瞭解自己當期授權的範圍，自己的權利和責任，杜絕口頭授權容易產生資訊失真的弊端。

法則九：角色工具是角色定位的重要手段和重要依據。

角色定位的工具分為團隊角色分析工具和團隊成員主觀因素測試工具。同時，在團隊角色分類前，利用角色測試表做必要的測試，有利於角色分工的順利進行。

法則十：分清主次，抓住重點。

面對角色定位的複雜過程和繁瑣工具，要抓住角色定位流程的要點。抓住關鍵，能夠有效地、迅速地把握過程，實現準確合理的定位。

健全的系統流程為團隊的高效提供了有力的保障。這是因為，系統流程首先解決了團隊中各個成員在各個領域、在各項工作中的輸入輸出關係問題，明確了各自的職責所在，這樣，就有效確保了團隊成員各司其職、各盡其力，心往一處想，勁往一處使，避免了因不規範而扯皮的現象。其次，系統流程為團隊成員所從事的各項工作提供了有益的指導，就如同一本行動的指南，引導團隊的運作，同時又如同一個遊戲的規則，保證了團隊成員必須在這個規則內來行動，不然就隨時有出局的可能。所以，總的來說，健全的系統流程有效提高了團隊的整體效率，提高了團隊的整體作戰能力，使團隊真正實現了高效。

三、平等對待，坦誠相見

在一個團隊裡，由於團隊成員所承擔的工作任務不同，對團隊的貢獻也有大小，因此在工作中完全做到平等對待是很難的，但團隊成員如果過分感覺到自身在團隊中的地位差異的話，其積極性又會受到影響。

在《西遊記》裡，唐僧的三個徒弟中，其地位明顯是有差別的。對此，唐僧採取了「地位高的要求也高」的措施，來實現某種意義上的「平等」。

對能力最強、貢獻最大，從而地位也最高的成員——孫悟空，要求也最高，幾乎使用了所有的懲罰權——念「緊箍咒」和解聘權——將其攆走；對於地位次之的成員豬八戒，當發現其有不當行為時，主要採取「訓斥」的方法；而對地位最低的成員沙僧，則要求更低（幾乎沒有受到任何懲戒）。

相對而言，團隊中地位高的成員由於其承擔的責任重大，其行為的負面影響也最大，因此對其要求更高是完全有必要的。另一方面，一旦唐僧發現自己因判斷失誤而處置失當（如因誤將妖魔當好人而將孫悟空攆走），又能坦誠地承認錯誤，並不因自己「師父」的地位而死要面子，拒不認錯，這恐怕也正是孫悟空儘管屢次遭其誤解卻仍對其忠心耿耿的重要原因之一。

這樣，在這個團隊裡，地位高的、能力強的忠心，地位低的、能力差的舒服，大家榮辱與共，團隊戰鬥力自然大為提高。

對我們的企業管理者們來說，創建一支好的團隊，選拔合格優秀的人才是第一步。然而經過層層選拔、辛辛苦苦篩選出來的人才，如果領導者不能做到平等尊重，真心善待，已經錄用的人才也會逐漸流失，造成企業資源的巨大浪費。不要以爲自己給了工資，給了工作，就可以對人不尊重，不善待，任意對待，隨心處置。畢竟世界上不單只有你一家企業。人才的競爭力是決定企業成長最關鍵的核心競爭力。與其讓雙方都付出高昂的變更代價，不如真心付出，留住優秀人才。尤其是對自己身邊的核心團隊更應如此。

以下是管理者應該掌握的一些管人用人原則，供工作中參考。

(1)**精神激勵與物質獎勵相結合**

要建立維護一支具有戰鬥力的銷售團隊，高額的物質獎勵是必要的，特別是業績分紅這一塊，一定要高得具有誘惑力，要超出同行一大截，並且能做到認真如數兌現。但是畢竟產生業績需要時間，在此之間必須輔以精神激勵，尤其是對現代的年輕人，他們往往更加看重精神感受，心理直覺。往往一個眼神，一種語氣，一份臉色，就能給其以巨大的精神鼓勵或心理挫傷，對團隊氣氛產生巨大影響。

領導者要善於通過自己的言行營造積極向上的氣氛，要善於發現每個人的優點，並及時公開予以表彰獎勵，而不要總是橫挑鼻子豎挑眼。有些不好聽的話，得罪人的事，可以安排其他人去做。領導者自己要儘量給團隊成員親切感、信賴感、歸宿感和真誠感，而不要相反。當企業暫時無法提供優厚的物質待遇的時候，作爲領導者就更要善於用熱情去鼓動下屬，用真心去溫暖員工。

(2)管理制度與企業文化相協調

良好的團隊一方面要靠規章制度，一方面要靠團隊文化。一手軟一手硬，對高素質成員的銷售團隊來說，團隊文化這個軟性的東西更重要。好的團隊一定要有好的文化，好的文化是基於內部好的利益機制。領導者必須是出自內心地愛惜員工，尊重員工，從根本利益上關照員工，才能創造出好的文化。否則，單純做一些形式上的表面文章，做做樣子，遇到切身利益就顧左右而言他，怎麼可能有好的文化？領導者要經常捫心自問，是否真的願意與兄弟們做到有福共用，有難同當？

(3)大是大非英明，小過小錯糊塗

管理者聰明一點好，還是糊塗一點好？是親力親爲好，還是無爲而治好？這個問題沒有絕對正確和錯誤的答案，關鍵要看對待什麼事，什麼人。管理者應該在大是大非問題上保持清醒，而在小過小錯上儘量睜隻眼，閉隻眼。人太廉則無友，水太清則無魚，領導者太過精明，身邊就無法容納人才。因爲每個人都有缺點，而靠近者自然缺點更明顯，特別是優點突出的人，缺點也更突出。管理者如果經常睜著眼睛尋找身邊人的缺點，抱著「睚眥必報」的心態，你敢向我提要求，我就給你穿小鞋，絕不吃虧服輸的心態，最終的結局只能是孤家寡人單打獨鬥。管理者要善於用人之長，容人之短，才能最大限度籠絡人，團結人。

⑷平等對待與個性化管理同步

管理者在人格上要對每一個成員平等相待，同時根據每個人的特點進行個性化管理。無論是待遇、獎勵，還是要求、指標，都應該根據不同對象分別對待，不能一刀切。只有做到個性化管理，才是對每個人真正的理解和尊重。這就要求管理者經常與成員保持密切溝通，做到充分瞭解。

⑸恩威並施，寬嚴相濟，賞罰並重

管理者應該嚴格要求但不是求全責備，雖寬仁大度但不是放任自流。對業績目標要高，對工作品質要嚴，但同時要看到員工的努力和付出，要理解體恤員工的艱辛和困難。而對一些人品不好、素質低下的人，不能投鼠忌器，姑息養奸，該執行紀律就要執行紀律。

⑹維護威信與有錯就改相統一

管理者要維護自己的威信，說出的話，做出的決定，絕對要兌現承諾，不能朝令夕改，出爾反爾。但是，如果真是自己的錯誤，也要勇於承認，及時果斷改正。這樣不但不損害你的形象，反而更加提升你的威信，讓旁人心悅誠服。

⑺強調結果也要同時注重過程

團隊工作強調結果，爲了好的結果一定要有好的過程。管理者應該重視過程管理，不要像守株待兔一樣盲目等待好結果。好的領導者不必事事領先，樣樣在行，但一定要給下屬正確的指導，明確的目標，必要的條件，合理的支持。又要馬兒跑，又不給馬兒吃草，這樣的領導其實是得不到任何好結果的。

⑻鼓勵競爭同時維護整體平衡

團隊管理不能盲目追求一團和氣，爲了和諧而和諧。銷售團隊能否具有戰鬥力，內部是否具備良好的競爭機制是關鍵。一定要讓優秀者脫穎而出，並得到應有的回報。同時管理者要維護整體平衡，不能過度競爭造成內部分崩離析，惡性內耗。最關鍵的就是要做到公平、公正、公開，特別是在政策支持上要合理，根據能力而不是根據親疏來區別對待。

⑼注重業績實效但不急功近利

銷售工作講究業績，團隊管理注重實效，但一切要從實際出發，不能好高騖遠，急功近利。無論是客戶開發業務，還是個人成長歷程，都有歷史的局限和條件的限制，不可能一蹴而就，更不能揠苗助長。太急於求成，只能給員工造成過度心理壓力，讓人畏懼退縮，最終團隊離散，所以一定要適度合理要求。如果對人總是吹毛求疵，挑肥揀瘦，沒有人才時渴求人才，人才來了又不愛惜善待，結果只能什麼也沒留下。

作爲一個團隊管理者，在要求員工不斷學習進步的同時，自己也要加強理論知識學習，特別是企業管理和人力資源方面的經驗和知識。同時，一個管理者是否是好領導者，與其是否碩士博士，是否爲MBA，並沒有直接關係。並不是學歷越高，知識越豐富，就會自動成爲好領導者的。

在一個好領導者的眼裡，人人都是人才，問題只在於自己如何使用；而在糟糕的管理者眼裡，卻只有奴才和工具，要麼是聽話的奴才，要麼是可用的工具，內心沒有絲毫對人才的尊重。要成爲一個好領導者，根本還在於自己的人才觀念和用人理念，並不在於自己有多少知識和資金。

如同員工不可對企業提出超過現實的要求一樣，管理者也不能向員工提出超出其能力的要求，雙方需要互相理解磨合，努力適應，找到雙方都認爲適宜的契合點。否則，只是單方面要求別人，自己卻懶於改造提高，這樣的團隊是不會存在很久的。

發現優點，肯定成績，以欣賞的眼光去看待下屬。同時也要記住嚴師出高徒，只有嚴格要求，加上恰當的指導，才能真正培養出好團隊。

◆延伸閱讀◆

團隊領導八大管理原則

一、管理認知

1經常自我反省，檢視一下，在管轄範圍內的人、時、地、物，有沒有浪費資源或無效運用的狀況。

2不要在下屬面前抱怨工作，數落上司及公司的不對。

3接受上司交代的任務時，在沒有嘗試執行之前，絕不說「不可能」、「辦不到」。

4每天找出一件需要突破、創新的事物，並動腦筋想一想，有無改善創新的方法。

5當工作未能順利完成時，要能一肩承擔所有責任，不在上司面前數落部屬的不是。

6做任何事以前，先花些時間思考一下目標與方向是否正確。

7找出在個人管理範疇內，有哪些原理與原則是不可違背的。

二、組織管理的原則

8除非特殊狀況，交代事項只對下一級的直屬部屬，而不跨級指揮。

9除非事先已協調有共識或遇緊急狀況，否則不指揮其他平行單位的員工。

10接受上級跨級指揮時，必定要及時回報直屬上司，讓其瞭解狀況。

11交辦員工工作或任務分配時，多花點時間溝通，瞭解他對工作的想法，同時讓他瞭解工作的重要性與意義，想辦法喚起他內心執行的意願。

12交代部屬工作時，儘量思考如何給予他更多的發揮空間。

13下達指示時，著重要求目標的完成，對過程不需要太多的限制。

三、計畫與執行

14做事以前，一定要先想一想，做好應有的計畫，絕不貿然行事。

15在計畫階段，要多參考別人的意見，借用別人的經驗與智慧，做好必要的協調工作，絕不可以閉門造車。

16工作之前，一定要先明確地擬定或確認目標，把握正確的方向。

17做計畫時，要從人、事、時、物、地各方面來收集相關事實、資訊，詳細分析研判，作為計畫的參考。

18不單憑直覺判斷事情，凡事要以科學的精神實事求是。

19要盡力讓部屬瞭解狀況，與大家資訊共用，不要存在「反正叫你去做就對了」的觀念。

四、控制與問題掌握

20在工作計畫階段，就要先想好可能的狀況，事先擬訂對應措施。

21當提出問題時，一定要能明確指出它的「目標」、「現狀」以及差距所帶來的影響。

22解決問題時，一定要客觀地找出原因，不可憑主觀的直覺來判斷。

23每天發現一項需要改善的事項，並思考應該如何做會更好。

24在部屬工作的時候，從旁予以觀察，當有偏差時，給予必要的指導糾正。

25鼓勵員工培養觀察力，讓他們提出問題，並引導出具體的建設性意見。

五、部屬培育與教導

26所屬員工接受訓練時，要能夠全力支持，協助他排除時間與工作的障礙，使他專心接受訓練。

27要充分瞭解部門內各項職位應具備的知識、技巧與態度。

28新員工報到前一定要做好他的《新員工訓練計畫表》。

29一般性的工作，當部屬做得沒有我好時，先不要急著自己去做，讓他有一定的學習機會。

30當員工提出問題時，不要急著回答他，可先聽聽他的看法，讓他先思考。

31掌握時機，隨時隨地對部屬進行工作教導，例如，開會時、部屬報告時、部屬犯錯時、交付工作時等等。

六、溝通與協調

32要主動地找部屬聊天談心，不要只是被動地等部屬來找我說話。

33當聽到其他人有和我不同意見的時候，能夠先心平氣和地聽他把話說完，要克制自己自我防衛式的衝動。

34當遇見別人始終未能明白自己的意思時，能先反省是否自己的溝通方式有問題，而不先責備對方。

35開會或上課等正式場合上，最好將手機關機，塑造一個良好的溝通環境。

36和他人溝通時，能夠專注地看著對方，聽對方的話，也要用心理解，而不左顧右盼，心有旁騖。

37和別人協調溝通時，避免對他人有先入為主的負面想法。

38與其他部門或同事協調時，能保持客觀理解的態度，遣詞用句多用正面的話。

七、掌握人性的管理

39不要只是期望公司透過制度來激勵員工士氣，隨時想想有哪些我可以自己來做的部分。

40對每一位員工都要能夠多加瞭解，確實掌握他的背景、個性、習慣、需求、態度、優缺點。

41養成每天說幾句好話的習慣，如「辛苦了」、「謝謝」、「做得不錯」等。

42不只是讚賞員工，遇到員工有錯的時候，要給予必要的責備。

43員工生病時，能撥通電話給予關心，如果員工家中有婚喪喜慶等，盡可能去參加。

44要求員工的事，自己也要能做到，凡事從自己做起。

八、領導力的發揮

45要強化自己的人文素養，培養一些除了工作以外的正當興趣及愛好。

46不要只是靠權勢（力）要求部屬，而要展現自己的管理及專業上的才能，讓員工能夠心服口服。

47在組織內所做的一切，不能只是為了自己私人的利益，而應以團隊為出發點。

48對不同的員工，要運用不同的領導方式來帶領，而不是一味追求齊頭式的平等。

49不論通過何種方式（如看書、上網、娛樂活動等），每年都要讓自己感受到吸收了新的資訊，有明顯的成長。

[第三章]

取經團隊的性格管理

唐僧師徒組合，其團隊成員要麼個性鮮明，優點或缺點過於突出，實在難以管理；要麼缺乏主見，默默無聞，實在過於平庸。但就是這麼一群「性格」突出的典型人物組合在一起，克服了常人難以想像的種種困難，最終卻完成任務取回了真經，真是讓人大跌眼鏡。其實，換個角度來看，「性格」也許並不是那麼可怕：每個團隊成員都會有性格，這是無法也無需改變的。團隊的藝術就在於如何發掘組織成員的優缺點，根據其性格和特長合理安排工作崗位，使其達到互補的效果。

師徒四人代表的四種性格

世界上沒有兩片相同的葉子，也不可能有完全一樣的兩個人，所以在團隊管理中充滿了各種複雜的未知因素。但團隊的性格歸根到底還是取決於團隊中人的性格。心理學專家通過研究發現，大體可以將人的性格分爲四種。只要瞭解了每種類型性格的差別，順藤摸瓜，對症下藥，帶好一支團隊也就水到渠成了。

第一種是力量型，這樣的人堅強，不沉著，急躁；

第二種是活潑型，這樣的人堅強，沉著，好動；

第三種是完美型，其性格比較堅強，沉著，但有惰性；

第四種是和平型，其中有好動的，也有懶惰的和不沉著的。

西遊團隊中的師徒四人，恰恰就是這四種性格的完美代表。所以唐僧師徒四人在去西天取經途中，給人的感覺迥然不同：唐僧給人的感覺很固執；悟空給人的感覺是方法多；八戒給人的感覺很好玩；沙僧給人的感覺是不想事。

同時，這四個人在情緒反應方面也各不相同：唐僧生氣時會一個人傷心；八戒生氣時幾天就好了；悟空生氣時會毀滅一切；沙僧生氣時你還不知道。但是這四個人卻組成了一支西天取經的精英團隊，最後取經成功，全部修得正果。
是唐僧讓這個團隊變得正規；
是悟空讓這個團隊變得靈活；
是八戒讓這個團隊變得快樂；
是沙僧讓這個團隊變得冷靜。

一、唐僧——完美型，讓團隊變得正規

在談論完美型性格的人（以下簡稱為「完美型」）的特徵之前，我們首先要澄清一個概念，對完美型中「完美」的解釋。很多人希望自己是完美型，就是沒有弄清楚「完美」這兩個字的含義。在一開始闡述性格時我們也曾提及，四種性格中並沒有哪個是絕對不好的，也沒有哪個是絕對好的或者說是完美的。「完美型性格」是以這一類人的性格中「追求完美」的這一特徵而命名的，並不是說他們的性格如何完美。

完美型畢生都在追求完美中度過，他們對事情一絲不苟的態度，讓他們不願意放過任何細節。他們的座右銘是：沒有最好，只有更好。他們追求得更多的是「質」，而非「量」。

以「完美」為性格主導的完美型「唐僧」，在生活中並不少見，尤其是團隊領導中，以完美型居多。以前覺得這種類型的人挺難相處，其實不然，關鍵還要看自己以什麼方式、心態去跟對方相處。

追求完美是完美型的人優先考慮的重點，其座右銘是：因為值得做，所以要做好。與力量型在乎速度不一樣，完美型在乎的是品質和精美。這種近乎苛刻的追求，使得完美型成了有深度的人，成了團隊的靈魂、智慧與精神的重心。在現實生活中，如果沒有完美型，人類社會就會陷入忙忙碌碌之中，永遠不會進步。

在唐僧這個團隊中，追求完美是唐僧優先考慮的一個重點。他目光遠大，目標明確，有組織設計能力，注重行爲規範和工作的高標準，他擔任了團隊的主管。如果一個團隊中沒有唐僧，這樣的團隊就只是一群烏合之眾，不會有什麼遠大的前程。

唐僧是這個團隊的領導者，他忠厚正義、仁愛禮讓，有其堅定的信念。如果不是潛心修煉的得道高僧，觀音菩薩怎會選他當取經人呢？應該說他是一個合格的管理者。雖然沒有半點高強的武藝，還步步遭災，時時需要人保護，卻能夠把桀驁不馴的孫悟空、一心逃走的豬八戒、凶神惡煞的沙和尚都凝聚到一起，這就需要領導藝術和人格魅力。

在我們的企業中也是這樣，如果沒有唐僧這種人，企業就會陷入忙忙碌碌中，進步緩慢。和唐僧一樣，完美型的人有許多值得肯定的性格優勢，然而，如果運用不當，他們性格上的這些優勢就會變成令人討厭的缺點。比如過分追求完美，他們不僅對自己要求嚴格，而且也習慣於爲別人設立難以達到甚至難以理解的高標準，無論你幹得多麼出色，他們永遠不滿意。和這種人共事的確有令人掃興的地方。唐僧需要改善的是如何處理好與孫悟空、豬八戒、沙僧的共處方式，當然，唐僧最後處理得挺好。

完美型性格如何與人相處

倘若你是完美主義者，在人際互動過程中，你有很多東西可以教授給別人，或許你也是一個好老師，但不要期望別人會立刻改變，否則會給別人帶來太多的壓力。對你來說顯而易見的事情，對其他人來說不一定那麼一目了然，特別是當他們還未習慣像你那樣願意自律、目標明確時。很多人也想做正確的事，或許他們在原則上或口頭上也贊同你，但由於許多原因，他們難以立刻改變。事實上，他們不能馬上依照你的說話行事，並不等於他們將來也不會改變。儘管別人可能要花更長的時間來聽從你，模仿你，但你還是應該耐心一點，因爲你的言辭和做出的榜樣仍然會影響別人。此外，下面這幾方面，你需要注意了：

(1)別讓他人擠佔了你的時間

記得給自己保留一些私人時間，不要總覺得每件事情都需要由你來親自處理，別總以爲如果你不去完成，就會導致混亂或嚴重的後果。對自己寬厚點，即使你有時候覺得這個世界不能缺少你，但拯救世界也不能單靠你一個人的力量。

(2)開發你的情感生活

不妨時常關注你的個人感覺，特別是你下意識的衝動。你可能對自己的情感生活，或者冒犯別人的衝動等不完美的「人事」感到不安，但這些表現恰好是構成一個人的特質。有些事情或許能幫助你解決苦惱：寫日記、參加某種集體課程或者其他集體活動。

(3)控制你的衝動情緒

殊不知，你的義正詞嚴正是你的弱點所在。你常常認爲別人都很頑固，不願意做正確的事情，並爲此怒氣沖沖。試著退一步看看，你的憤怒讓別人疏遠你，而且他們也聽不到你想告訴他們的很多有用的意見。更糟糕的是，如果你壓制自己的憤怒，會容易導致潰瘍和高血壓。所以，控制住你的衝動情緒，試著心平氣和地去接納和理解他人，對你拓寬人際交往是很有幫助的。

◆測試◆

你是個完美主義者嗎？

一、做一件事情的時候，你常常會出現下面哪一類的念頭：

(A)我必須做好，否則會讓家人和朋友失望

(B)做就做唄，管那麼多幹什麼

二、你喜歡自己，是因為：

(A)我這麼優秀，幾乎人人都喜歡我

(B)喜歡自己需要理由嗎

三、好朋友約會遲到了，你可能會：

(A)心中埋怨並且出語傷人，所以你的好朋友通常不多，並且不長久

(B)即便有點生氣，你也會很關切地先詢問對方是不是遇到什麼麻煩

四、復習得好好的，卻考得一團糟，你可能會：

(A)沮喪不已，除非接下來的考試讓你重拾信心，否則都不知道該如何走出陰影

(B)先難過三分鐘，然後再想想生活中其他值得高興的事

五、你認為考試失敗是什麼原因造成的：

(A)當然是我自己了，還能怪別人嗎

(B)肯定有我的原因，但我已經盡了最大努力

六、有一個參加高峰人士選拔考試的機會，成績居中的你會：

(A)絕不放棄，百分之一的可能就要嘗試

(B)算了吧，我肯定沒戲

七、如果讓你回憶曾經的過失，你會：

(A)神色黯然，傷心往事一幕幕重現

(B)早就淡忘了，以後儘量少犯錯吧

八、考試時遇到一道選擇題，前思後想都沒得出答案，這時你會：

(A)猶豫不決，答卷被你塗來塗去，還是沒有決定。交卷前，你選擇了抓鬮

(B)懷疑是不是答案給錯了，仔細核對了自己解題的步驟之後，自信地向老師舉手詢問

九、與朋友一道出行，朋友說前面有條近路可以讓你們少走一段，你的決定是：

(A)既然不甚瞭解，那就保險起見，按老路走嘛

(B)能找到近路當然要試試了

十、如果老師交給你一個有難度的任務，你最可能會：

(A)左思右想，希望能夠做到盡善盡美

(B)接手就開工，呵呵，一邊做一邊修改

測試答案

數數你選了幾個A？

0至5個：你很現實，從不苛求自己。你是快樂的，你為自己的每一點進步喜悅，你能夠真正地喜歡自己而不是喜歡自己被人稱讚的優點。請帶著快樂繼續前進吧，你能在快樂中更好地發展自己。

6至8個：你在一定程度上有完美主義傾向。所有的工作你都盡力完成，力爭達到完美的標準。雖然你偶有遺憾，不過能換來許多成就，還是值得高興的。

8個以上：你是典型的完美主義者。如果完美給你帶來的痛苦大於快樂，那麼請適當地調整自己對完美的追求，必要的時候你可以尋求專業人士的幫助。

二、孫悟空——力量型，讓團隊變得靈活

孫悟空可謂是四大名著中最如雷貫耳的人物，名氣四海皆知。大家不要以為孫悟空長了張猴臉，就想當然地認為他是活潑型。由於力量型與活潑型都屬於外向型性格，因此，確實很容易被人誤認。其實，孫猴子可是個不折不扣的力量型選手。他的

力量特徵在書中的各個章節都有著鮮明的體現。甚至他的外表形象，作者都定位的非常準確：一張猴臉（尖下巴），心眼特多，精靈古怪，目光有神（火眼金睛），全身長滿長毛（像個野人），拒絕教化。

孫悟空這樣的力量型員工，可稱得上是老闆最喜歡的職業經理人。之所以說老闆「最」，不是因為孫悟空沒缺點，很優秀，而是因為他能力很強，但有缺點。這才是老闆最應該用的人才。假設一個人能力很強，人緣又很好，理想又很遠大，這樣的人往往不甘人下，或者直逼領導位子，或者很容易另起爐灶。

孫悟空有個性、有想法、執行力很強，也很敬業、重感情，懂得知恩圖報，是個非常優秀的人才。但這樣的人才如何才能留住他？如何提升他的忠誠度？需要關注的是他和唐僧（專案經理）以及觀音（總經理）的信用關係。

首先，孫悟空不是一般的人才，而是一個「人物」。「人物」和人才、人力不一樣，在團隊裡是不可替代的。孫悟空是避害（壓在五行山下的日子不好過），而不是趨利（最後撈個「鬥戰勝佛」，遠不如「齊天大聖」過癮），這使他多少有了獨立人格。有獨立人格的人有意願和能力尊重約定。觀音與孫悟空談判的結果是「以解放換責任」，這個約定，才是孫悟空真正的「緊箍咒」，簽訂了合約就認真去做，百折不撓。所以，唐僧在領導孫悟空時，緊箍咒作為最後手段，雖然也用過，但孫悟空從來沒有因為要放棄自己保衛唐僧的責任而被實施緊箍咒。唐僧也不因為有了緊箍咒，事事處處表現自己的控制欲。

沒有一個人是萬能的，然而，建立人際的互信關係，卻能夠通過別人的幫助，來彌補我們身上的不足。對團隊而言，夥伴之間的友好相處和互助合作更是顯得至關重要。作為一個力量型的人，其實孫悟空完全可以贏得唐僧的支持。對孫悟空重視工作績效和他客觀辦事的態度，完美型的唐僧應該是頗為欣賞的。

孫悟空應該正視的一個問題是，完美型的唐僧走路、說話和決策都比較慢。在快節奏的力量型看來，這種蝸牛一樣的速度簡直令人無法忍受。同樣的，對完美型的人來說，力量型的快節奏也會讓他們感到很不自在，因為這會打亂他們的工作程序，因為他們總是習慣於深思熟慮。

現在的問題是，在完美型的唐僧面前，力量型的孫悟空究竟應該怎麼做呢？所有力量型的員工可以借鑒如下建議：

(1)除非情勢緊急，請放慢節奏。

一個筋斗十萬八千里，孫悟空的速度實在是太快了，他的辦事效率也因此令人讚嘆。可是，同樣也是因為這樣的快節奏，常常讓唐僧感到緊迫和不知所措。更有甚者，孫悟空有時還會強迫唐僧做出某種決定，或根本不徵得唐僧的同意就擅自行動。「說做就做」是一個好習慣，但前提是你應該得到夥伴們的支持。

(2)每個人都在用他自己的方式去爭取成功，這世界上並非只有你一個人能幹，要承認別人的長處和作用。

完美型的唐僧性格深沉，有計劃，注意細節，善於發現問題，能夠深切地關心他人。活潑型的豬八戒喜歡冒泡泡，色彩豐富，總是能夠發現工作中的樂趣。和平型的沙和尚雖然情感內藏，卻是一個很好相處的合作夥伴，而且能夠持之以恆地勝任工作。

(3)力量型通常都喜歡說話，卻不善於傾聽。

在力量型滔滔不絕而又不容辯駁的談話方式面前，完美型就會變得更加緘默。因此，力量型的你有必要讓自己學會傾聽，學會用商量的口吻說話。

(4)注意說話的態度。

不要在完美型的人面前顯出過於強硬的樣子，否則他會認爲你是一個專橫的人。力量型通常說話的語調較高，應該設法讓語氣緩和下來。力量型通常習慣於用很大的力度來示意動作，這種示意動作能夠顯示力量，卻也容易遭到反感。請注意你說話的語氣和身體語言的表達，盡可能地顯得友好一些。

(5)很多時候，完美型會回避他與你的矛盾。

你切切不可把這種回避當作他對你的一種被迫認同。一旦等到他發作，你後悔都有些來不及了。唯一的解救之道就是，注意與完美型的主動溝通。如果你連主動溝通的意識都沒有，那就很難說得上建立有效的工作關係了。

給力量型員工的幾點忠告：

儘管我們說了很多，但力量型的孫悟空們可能仍然會自以爲是地固執己見。他們並不認爲自己做錯了什麼，因爲他們一直在努力做自己認爲對的事。下面的忠告也許是孫悟空們所樂意接受的，不過得唐僧多念叨幾遍。

(1)學會放鬆。

力量型是出色的工作者，他們比其他性格的人都能幹。性格的驅動力使得他們不停地前進，前進，再前進，但在另一方面，他們卻不會自我放鬆和減壓。其實呢，力量型必須認識到，他們完全沒必要強迫自己不停地工作，否則他們是很容易患心臟病的。

(2)減輕對別人的壓力。

力量型對別人也是一種很大的壓力，他們對成功的迫切感和快節奏的工作方式，常常使得周圍的人驚慌失措。不僅如此，他們還習慣於指使別人而根本不理會別人是否會反對。爲什麼要把別人當傻瓜呢？爲什麼要讓別人不自在呢？仔細想想，力量型之所以常常不討人喜歡，也蓋因於此。

(3)學會道歉。

我們知道，自信是力量型的標誌，所以他們幾乎從不道歉。他們喜歡隨意地批評別人，卻從不認爲自己有什麼不對。孫悟空大鬧天宮、地府，先後偷吃蟠桃、金丹和人參果，如此胡作非爲，也從未見他說過一句「對不起」。與一個力量型的人講道理是很困難的，因爲他們總是認爲自己的一切問題都出在別人身上，並以此合理解釋自己的所有錯誤。

(4)承認自己有某些缺點。

力量型把自己的優勢集中在右臂上，以至於隨時都能握起一隻有力量的拳頭。可是，他們卻習慣於把缺點歸咎於別人。拒絕看到自己的任何缺點，使得他們很難得到新的進步。

三、豬八戒——活潑型，讓團隊變得快樂

豬八戒是《西遊記》中的三號人物，也是一個經典的活潑型選手。

作為《西遊記》作者的吳承恩，對活潑型性格的定位可謂相當精準。他很像是一頭豬——能吃能睡，天真而單純，胸無城府，有點沒心沒肺。

活潑型的豬八戒熱情奔放、感情外露，善於活躍工作氣氛，他承擔了團隊的公共關係工作。他幫助每一位同事，並使工作變得有趣。如果一個團隊中沒有豬八戒，我們可以想像這個團隊是如何枯燥乏味和令人厭倦。

八戒曾為天蓬元帥的資歷讓他熟悉各路神仙，用現在的話叫交際圈廣泛，能辦事。八戒嘴巴甜，會說話，在單調枯燥的取經路途上卻是個開心果，解悶的。沒有八戒的奸懶饞滑也襯托不出悟空的精明能幹。在現代團隊中，八戒絕對是個出色的公關人員，他能夠處理好各方面複雜的人際關係問題，在取經路上也是一個不可或缺的人物。

活潑型的豬八戒是個好員工

豬八戒笨，非但長了一副豬身材，行動笨拙，而且懶於思考，總把妖精當好人，堪稱愚蠢。在身手敏捷、洞若觀火的猴哥面前，豬八戒也就顯得更笨；也因此，被猴哥揪著耳朵罵呆子就成了家常便飯。就連脾氣甚好的沙僧，也免不了偶爾克制不住，怒其不爭地恨恨看他一眼，罵他聲「呆子」。

每逢此時，豬八戒總是不服氣地哼哼兩句，但很快，也就投入到消滅妖怪的集體行動中去了。鬥嘴歸鬥嘴，他可從沒怎麼上心過，更沒因此而真正罷工。一口一個

「猴哥」依舊叫得親熱，該服猴哥的管也還是照舊服。

所以縱然豬八戒懶、饞，且好色，卻無可否認豬八戒心寬體胖，無人能比。

單憑這一點，在職場上便相當難得。西天取經小組只有區區四人，而真正的職場，範圍之大則不可考量。天外有天，人外有人，是否能蒙羞忍辱且心態平和，幾乎是能否在職場生存的第一關。對大多數能力被集體湮沒的人來說，忍耐批評，更是需要修煉的基本功。

其實從另外一個角度看，忍耐也是寬容的表現之一，更代表著一個人有著良好的素養。曾猛烈抨擊你的人，在火氣過後，看到你依然回覆他笑臉，因後悔自己過於粗暴而對你心懷愧疚也未可知呢。

很多人可以做到服從管理，但未必心態平和，真正能做到兩者統一的人，非豬八戒莫屬。

尺有所短，寸有所長，才華橫溢固然好，但對一個團隊而言，力量最終體現在相互間的配合上。否則，再大的才能也將在內耗中損失殆盡，整個團隊從此將淪爲內部戰場。豬八戒做綠葉，並心平氣和的，這就是豬八戒最大的優點。

除此之外，豬八戒還有一個無敵殺手鐧，那便是擁有無比的親和力。豬八戒嘴甜，頗有幽默感，西天路漫漫，他卻使原本枯燥而危險的取經生活充滿了樂趣。即使常把妖精當好人，豬八戒也總表現出濃濃的人情味，時時刻刻，他都與凡夫俗子站在一起。

適當「投其所好」

拍馬屁一向爲人所不齒，但是，豬八戒同學卻能運用自如，準確地投其所好，這也成爲其職場生存的法則之一。

為了騙取唐僧肉吃，妖精們不得不各顯其能，變做村姑、美婦、老嫗、孩子，作為領導者的唐僧總是被蒙蔽。這時，豬八戒總會自覺站在上級一邊，上級說那是好人，他便跟著說是好人。冒失的孫悟空總是將那些妖精一棒子打死，自然惹得唐僧火起，念幾句緊箍咒。儘管妖精原形畢露，但豬八戒也沒忘記給上級一個臺階下，說那是猴子使的「障眼法」。

遇到這樣的好下屬，唐僧嘴上偶爾也會罵兩句「呆子」，但心裡卻是著實喜歡的。與之相比，沙僧儘管也非常忠誠，但立場就不那麼堅定，他偶爾也會給猴子說動心，跟著師兄反對上級的觀點，自然無法成為上級的心腹。

投其所好甚至拍拍馬屁，實際是更爲人性化、建設性的職場法則。上司也是人，自然需要大家對他的肯定，試想：如果上司的每個想法都被孫悟空一樣的下屬否定掉，領導者的權威何在?上司發號施令又有誰會聽呢?

所以，從這一點而言，豬八戒適當地投其所好，其實也反映了豬同學心理學研究得不錯，同時又懂得下屬執行能力的重要作用。如今的職場中，真正研究心理學、能夠細心揣度上司意圖的人並不多。

當然，投其所好也要有個限度。如果發展到「黑的說成白的，假的說成真的，錯的說成對的」的地步，儘管暫時能使上司心曠神怡，但結局或許會跟大貪官和珅一樣，最終被抄了家、掉了腦袋，豈不冤枉?

四、沙和尚——和平型，讓團隊變得冷靜

和平型的沙和尚給讀者留下的印象好像比較模糊，誰也說不清他一路上到底幹成了幾件事兒，也不知道他到底打死了幾個妖精，白開水一樣，沒什麼味道。

然而，這實在是委屈了少言寡語的老沙。要知道，在《西遊記》裡與唐三藏淵源最深的就數老沙了，對取經的意義理解最深刻的其實也是老沙。如果說孫猴兒、豬八戒的個性是天然形成未加打磨的石頭，那沙和尚的個性就是久經磨礪才有的璞玉。老

沙的個性其實是非常純淨的——純淨到幾乎沒有個性。

作為和平型性格的代表人物，沙和尚是一個相當傳統的人。他和所有的和平型一樣，重視法律、規則、秩序，以及做人的本分和體面。在每一個社會組織中，儘管和平型人才通常缺乏傑出的工作表現，但他們卻往往佔據了許多行政管理的職位。當然，無論是做管理還是幹其他的工作，他們都習慣於扮演的角色就是「穩定器」——傳統和現狀的維護者。他們是默默奉獻的一群，他們服務於別人，卻從不願意拋頭露面。他們在努力去做正確的事情，這使得他們可信、可靠。他們是使這個社會穩定的基石。

和平型的人可以緩和色彩斑斕的活潑型；拒絕過分欣賞力量型的優秀決定；對完美型的複雜計畫也不過分認真。和平型的人是我們中間偉大的促進平等者，是團隊中的中庸者和「穩定劑」。

平和的沙悟淨讓團隊更穩定

儘管老沙加入取經隊伍的時間最晚，武藝也比不上二位師哥。但每個人都有其內在的聰明才智和氣質魅力，無需羨慕別人，努力開發屬於自己的稟賦，照樣會成功的。一路之上，老沙矢志不渝，堅持著大方向從未動搖。孫悟空曾一氣之下三次脫隊，要不是有東海龍王和觀音菩薩勸著，不定跑到哪兒去了呢。豬八戒一遇到點兒風吹草動就喊著「回高老莊做女婿」。就連意志堅定的師父唐僧，也時不時地因為思念家鄉而偷偷地掉上幾滴眼淚。唯有沙悟淨連一絲一毫動搖的意思都沒有過，只是一心一意地向著靈山前進。

對二位師哥，老沙始終保持著淡淡如水的君子之交，始終把「和為貴」放在第一位。既不與孫猴子爭名，也不和豬八戒爭利，甘當配角，協調著取經隊伍的關係，維繫著取經隊伍的團結。多少次二位師哥去降妖捉怪立功勞的時候，老沙都是默默地跟在師父左右。老沙清楚，嫉妒別人不會給自己增加任何好處，也不太可能減少別人的成就。

老沙尊重愛護大師哥孫悟空，儘管他深知唐僧與大師哥的矛盾，但從不像豬八戒那樣在師父那兒煽風點火以博得寵信。要不是老沙苦勸，唐長老的緊箍咒不知要多念多少次。對兩位師哥的糾葛，老沙從不介入，而且還經常調解。老沙體諒豬八戒。每當二哥犯懶讓他幫著挑擔子的時候，他總是笑一笑說「遠路無輕擔」，欣然接受，團結了總犯小心眼的豬八戒。而當豬八戒吵著散夥，孫猴子舉棒要打的時候，老沙卻說：「二哥，你和我一樣，拙嘴笨腮，不要惹大哥生氣，我來替你挑挑擔子，早晚有一天我們會成功的。」這話讓孫猴子、豬八戒都可以接受。到西天取經是艱苦的事業，不團結是不成的，而維繫這團結的不是孫悟空，不是豬八戒，也不是師父唐僧，卻恰恰是默默無聞的沙和尚。

老沙淵博沉靜而不求回報，寧靜淡泊卻堅韌不拔，甘居人下卻胸懷大局，他以自己的智慧和對取經事業的摯愛維繫著取經隊伍的和睦。他不但做好了本職工作——管好了白龍馬，而且能和孫猴兒、豬八戒這樣極有個性的同事和睦相處，甚至連唐僧這種固執己見、人妖不分、一陣明白一陣糊塗的上司也服侍得沒有半句微詞。可以說他既管理好了下級，也管理好了平級，更管理好了上級。

若論爭鬥的本事，老沙遠遠比不上孫猴兒和豬八戒；但若論心路，那二位綁在一塊兒也比不上他沙悟淨。能把自己看得很輕，那是一種智慧。畢竟生活中不光是爭鬥，很多東西是靠爭鬥得不來的。

用好和平型員工的注意事項

如果唐僧這個團隊只有他和悟空、八戒三個人，那還是有問題。唐僧只知發號施令，無法推行；悟空只知降妖伏魔、不做小事；八戒只知打打下手、粗心大意。那擔子誰挑、馬誰餵、後勤誰管？可見一個團隊，各種人才都要有。

沙和尚是個很好的管家，他任勞任怨，心細如絲。他經常站在悟空的一面說服唐僧，但當悟空有了不敬的言語，他又馬上跳出來斥責悟空，護衛師父，可謂是忠心耿耿。企業對這樣的人，一定要給予恰當的位置，如行政、人事、品質控管、客戶服務等方面。

沙和尚忠心耿耿，他是唐僧最信任的人，是老闆的心腹，但屬於那種有忠誠度但能力欠缺的人才，如果重用、大用，就會出問題。許多企業和團隊之所以失敗，往往壞在沙和尚這類角色上。因爲是老闆的心腹，他們就會得到相當高的權力、地位，但由於能力有限，又無法擔當重任，所以往往會造成企業的重大戰略決策失誤。

學會與不同性格員工快樂共事

在追求個人成功的過程中，我們離不開團隊合作。因為，沒有一個人是萬能的，即使神通廣大的孫悟空，也無法獨自完成取經大任。然而，我們卻能通過建立人際互信關係，通過別人的幫助，來彌補自身的不足。對團隊而言，夥伴之間的友好相處和互相合作至關重要。無論力量型的人、完美型的人、活潑型的人還是和平型的人，都可以憑藉自己的性格魅力，來贏得團隊夥伴的支持。這樣一來，我們就能夠實現個人與團隊的共同成功。

一、完美型員工——盡可能地認可他們

完美型追求完美，愛思考，愛鑽研，非常注重細節，迷戀清單、資料與圖表，他們一旦明確了目標，就會堅持不懈，成為組織中最忠誠的一員。他們愛乾淨，而性格特徵非常明顯的完美型，則都會有一點「潔癖」。

他們的不足之處是容易消極憂鬱，容易看事情的負面，遇到問題就會責怪自己，而且考慮得太多，行動力不夠。

你的團隊中有完美主義者嗎？好處是，這樣你們的工作就會提高標準而且關注細節；壞處是這個完美主義者會注重工作中的每個方面，很難設定工作的優先順序。你能管理好這樣的人嗎？你能幫助他（她）變得不那麼過分關注細節嗎？管理這類人確實是個挑戰，但也不是不能完成的工作。如果選擇了適當的方法，就能達到雙贏。

許多人自稱是完美主義者，是因爲這樣使他們看起來很優秀。其實真正的完美主義是一種缺陷，而不是值得誇耀的資本。曾有管理專家說過：「其實每個人都有一定程度的完美主義傾向，但是沉迷於完美主義時問題就大了。」管理好一個純粹的完美主義者需要耐心和獨特的方法。

下面的幾個技巧可供參考：

認識到缺點的同時讚揚優點

和完美主義者一起工作是讓人沮喪的。他們對其他人既沒耐心又吹毛求疵。有時候，他們認爲沒有人能做得更好。有時候，明明百分之九十八的工作做得很好了，他們還會過分關注剩下的百分之二。他們的這種態度會讓人惱怒，但是還是有好處的，完美主義者在工作時會全身心地投入。事實上，這些人對卓越的追求會提高整個團隊的工作水準。

安排適合的工作

完美主義者並不適合所有的工作。不要交給他們那種會讓他們拖延時間的工作，不要期望他們成爲好的管理者，因爲他們會對員工要求過高。他們也不適合去管理複雜龐大的機構。找到那種需要一絲不苟精神的工作，每個組織都有要求強調細節的工作。

增強他們的自我意識

即使在合適的位置，完美主義者也有可能製造類似於延緩工作進程或者降低組織士氣的麻煩。許多完美主義者並不知道自己在做什麼，其他人也沒有激勵他們去改變自己。因爲大多數工作都是需要折中的，試著告訴他們去設定優先順序並識別出什麼是最重要的事情，這樣可以幫助他們節省很多時間和精力。拋棄完美主義才能實現大目標。

進行可能的教導

並不是所有的完美主義者都能夠教導的，但是值得一試。首先要明確他們是不是有足夠的自我意識去學習怎麼改善自己的完美主義傾向。作爲一個管理者，要清楚完美主義的改善不是立竿見影的，不能讓他們把你激怒了。有時候表現出你對他們的關心，就會激勵他們去改變。選擇一個曾經是完美主義者後來有所改善的人去教導他們，也是個好辦法，畢竟有過相同經歷的人給出的建議更加容易被接受。

謹慎地對待各種反應

每個員工都需要面對外界的評語。但是完美主義者聽到對他們的批評時更難以接受，所以在和完美主義者溝通時，首先要讚揚並且詢問他們的建議。本著這樣的方針，你向完美主義者傳遞訊息時，就會減輕他們的防禦心理，卻不會降低他們工作的鬥志。對他們抱有希望和信心，他們就會做得更好。

需要記住的原則

應該做的：

要認識到，在你們的團隊裡面，有完美主義者存在，既有好處也有壞處。

讓完美主義者知道你在關注他們的行爲，以增強他們的自我意識。

幫助完美主義者認清他們的行爲，幫助他們的職業生涯發展。

不要做的：

把完美主義者置於過於複雜的管理職位。

堅持讓他們改變完美主義傾向——除非他們自己認識到，否則是不會改變的。

不給予完美主義者批評——應該積極地和完美主義者溝通，知道他們希望以什麼樣的方式獲取意見。

與完美型員工順暢溝通的藝術

(1)維持禮貌並替人設想。完美型深信禮儀的重要，用些神奇的字眼去軟化他：請、謝謝、不客氣，大部分完美型喜歡你深受規範的洗禮。

(2)準時。完美型致力於遵循時程表，如果你的延遲導致他的延遲，他們可不會立刻原諒你。

(3)無傷大雅的幽默會有說明。當你建議完美型「相信過程」或「跟著流行走」時，記得微笑。

(4)真心地承認自己的錯誤或找出你確實誤入歧途的地方。完美型所指出的錯誤通常是對的（狹義而言），大部分完美型在對方承認錯誤後，都能原諒別人，除非錯誤來自於你的壞習慣，例如你的冷漠、混亂，或不好的動機、掩飾或暗中操縱，這些可就難以得到他們的寬恕了。

(5)依規則行事。完美型喜歡將任務及報告結構化或定義化。如果你是他的上司，向他解釋你希望事情如何完成。如果你的老闆是完美型，找出他希望的方式，並一絲不苟地遵照辦理。

(6)與其跟完美型意見相左，不如問他「假使如何如何該怎麼辦？」這類問題，可製造出享樂型環境（公然反對完美型只會使他們更堅持己見，因為他覺得你在質疑他的價值）。

(7)當你覺得他吹毛求疵，提醒自己，完美型的他只是想幫忙而已。

(8)在指責完美型員工前，先徵求他的同意。「現在適合討論我和你在工作上的問題嗎？」完美型不太能接受批評，但喜歡被認可。

二、力量型員工——恩威並施

力量型性格的員工是天生的領導者，他們超級自信又善於保護弱者，且喜歡直言不諱，不怕得罪人。他們做事時意志堅定，目標明確，並且行動迅速，事不過夜。同時，他們也有以自我爲中心、爭強好勝、不肯認錯、缺乏耐心、易發怒等負面性格特徵存在。我們還是從唐僧如何管理孫悟空來著手分析——

唐僧當上取經團隊領導人之後，面對的最大問題其實就是如何領導孫悟空。對一個業務能力一般的幹部，來領導一個業務能力比自己強得多的屬下，確實是一個難題。如何讓能力超群但又六親不認的孫悟空爲自己賣命，確實是令唐僧頭痛的一個問題。然而，利用古老中國的管理智慧，唐僧在經歷了師徒分裂幾次小小的挫折之後，竟然成功地駕馭了這隻頑劣的猴子。總結唐僧的馭「猴」之術，其實全都離不開那「精華與糟粕同在」的傳統管理智慧。

恩威並施

傳統的領導者都自我定位爲一個團隊的家長，然後對團隊的每個個體進行恩威並施地指導和教化。唐僧也不例外。從「恩」上說，無疑，經過觀音菩薩的安排，唐僧將孫悟空從五行山下救了出來，有再造之恩。從傳統思想來看，受人如此之恩，理應用全部的身心來回報的，如果還想到去爭奪團隊的領導權，是要受到道德良心的制約的。唐僧之所以成爲三個徒弟的領導者，最重要的基礎，便是他自己是其他三人的救命恩人。

然而，對一個領導者，只得到下屬的敬愛還不夠。下屬對自己的「既愛且怕」是每個領導者最喜歡的感覺。剛剛開始領導孫悟空的時候，唐僧憑藉的只是再造之恩，並沒有對孫悟空的行爲進行約束的能力，最後導致師徒之間的不歡而散。幸好，關鍵時刻，觀音菩薩知道了唐僧領導不力，及時地提供了提升唐僧領導力的緊箍咒。如此一來，恩威並舉，時不時念一念緊箍咒，即使是當年大鬧天宮的孫悟空，也只得乖乖跟著唐長老西行去了。

所以，做一個領導者，必須要向一個大家長一樣，既要對屬下好，讓他們「敬愛」你；也要對屬下凶，讓他們「懼怕」你，兩者缺一不可。

委以重任

對孫悟空這樣的屬下，能力超群、精力旺盛，又沒有一些不良嗜好，管理起來僅僅恩威並施還是不夠的。唐僧對此的管理便是讓孫悟空去做更多的事情，這裡說是委以重任。其實不管是不是重任，反正不能讓這樣的屬下閒著，多分配點任務給他，好處理他多餘的旺盛精力。

在《西遊記》中，我們常常看到的場景是：師徒四人奔波西行許久，人困馬乏，找到一個休息之處，八戒在草叢中找到一塊舒服地方要來睡一覺了；沙僧也給師父安排了一塊地方，自己休息了；唐僧端坐一邊，閉目養神之前，隨口一聲「悟空，速速化些齋飯來吧」。其他三個人都休息了，孫悟空卻一個跟斗翻出去四處化緣了。

對一個能力超群、精力旺盛的下屬，領導者的一個重要任務就是多給他分配一些工作，即使是一些幹不出什麼成績的工作。這樣一來，他就沒有時間想自己是不是應該受一個能力不如自己的人的驅使了，也便認可了自己的「勞碌命」。

分權制衡

分權制衡是當一個下屬的業務能力強於自己時，領導者慣用的管理策略。其基本的做法是利用其餘下屬，對其產生一定的牽制作用，防止因爲個別人物能力超群等原因，導致其功高震主，對領導者的地位產生威脅。在剛剛收下悟空爲徒的時候，唐僧使用的管理策略主要是恩威並重，做得好了，幫悟空縫補一下衣服；做得不好，念幾聲緊箍咒。然而，在收下八戒之後，唐僧就更多地利用分權制衡的原則來管理孫悟空了。

取經途中，遇到一些工作問題，兩個徒弟往往意見並不統一。一般而言，大徒弟孫悟空的觀點都是對的，如果唐僧在取經途中處處聽孫悟空的，那麼相信取經過程一定輕鬆得多。但是這樣也有一個危險，那就是唐僧的領導水準會遭到悟空的懷疑，其在徒弟中的威信也會下降。同時，唐僧也知道，如果每次都反對悟空的觀點，也會造成徒弟們對自己判斷能力的懷疑。這時候，恰好「天上掉下個豬八戒」，利用豬八戒來制衡孫悟空，便解決了唐僧面臨的領導難題。正如我們所常見到的，每次取經團隊遇到問題的時候，悟空和八戒的觀點往往截然相反，而最後的事實證明，悟空的意見大都是對的。

那麼唐僧會採取誰的意見呢？大部分時候是八戒的。原因何在？採用錯誤面更大的八戒的意見，除了事情會變得麻煩一些之外，對唐僧的領導而言，還有一些好處：首先，由於八戒的「扯後腿」，悟空不得不求助於唐僧來對兩者的不同意見做一個決斷，在八戒的牽制過程中，悟空也會認識到唐僧的重要性；其次，本來唐僧對悟空的一些不滿，可以通過八戒傳出來，防止師徒之間直接的矛盾和對抗；再次，多採納一些八戒的意見，可以壓一壓悟空的氣焰，防止其因爲一直以來的正確，導致他目無長官……

總之，領導者和兩個下屬（一正一邪）這種「鐵三角」的關係在中國歷來的團隊中屢見不鮮。作爲領導者，有的時候並不希望下屬之間太團結，如果那樣的話，自己就會有被架空的危險。一個成功的領導者，常常是善於製造下屬之間的矛盾，而他自己卻又是這些矛盾的唯一解決者。這樣，下屬們離不開自己，而自己的領導地位也愈加鞏固。

三、活潑型員工——明確權力和責任

在西遊團隊中，要管好豬八戒，首先各部門權力責任應事先明確。唐僧目標明確，意志堅定，所以領導取經大業，指引西去方向；打妖怪的具體業務，孫悟空打心眼裡熱愛，就讓他全權負責；豬八戒照顧好唐僧的生活，打妖怪時該幫忙幫忙，不幫忙不要扯後腿；沙和尚牽馬挑擔，做好後勤保障。這樣職責明確，西去之路自然暢通無阻。

其次，唐僧不僅用豬八戒來制約孫悟空，也用孫悟空來監督豬八戒。孫悟空火眼金睛，工作狂熱。豬八戒編假話騙唐僧，孫悟空當場揭穿，並小小懲戒了豬八戒。再去打探，豬八戒就心懷疑懼，不敢不老實了。

活潑型員工擁有樂觀、積極的人生態度，他們自信、活潑好動、對什麼都充滿了好奇，並且創意無限。在生活中，他們樣樣喜歡與眾不同，而且非常喜歡表現自己，不放過每一次可以表現自己的機會。聽到別人的讚美，總是會沾沾自喜。活潑型員工的朋友最多，因為他們待人熱情又幽默風趣，他們是浪漫主義的擁護者。但是他們的記憶力差、馬馬虎虎、虎頭蛇尾、愛誇張等毛病又讓人對他們哭笑不得。

與活潑型員工溝通的藝術

(1)瞭解他們在完成工作方面的困難。如果你正管理著活潑型的人，必須清楚地提供指導，並且一步一步地跟進，直至你確信他們能完成計畫爲止。雇傭活潑型，最好就是給他們一些出眾的活，而不能讓他們負責需要準時且繁瑣的工作。

(2)理解他們說話不會三思。他們往往先說話再思考，思維混亂。

(3)承認他們喜歡變化和富有彈性。活潑型總想著創新，在充滿樂趣的氣氛下，他們會有最佳的表現。讓他們幹有規律、枯燥的工作則不能盡其所能。如果是女人，她們則需要大量衣服、金錢、舞會和朋友，而不甘於平淡；如果是男人，那他們則對新工作充滿熱情，在新鮮感消退之前，他們會幹得很出色。總之，活潑型員工喜新厭舊。

(4)別讓他們去做力不能及的事情。活潑型是善意的，但在不勝負荷時，他們會逃避。要幫他們弄清有多少時間可供支配及選取他們能處理的事情。

(5)別指望他們記得約會或守時。丟三落四是他們的本性，準時也會忘帶東西。

(6)稱讚他們做成的每一件事。鼓勵他們，可以激發他們的積極性。

(7)記住他們是容易受外界環境影響的人。他們很情緒化，情緒隨境遇而起落。

(8)他們喜歡新玩具。喜新厭舊。

問題。

(9)他們會把自己或別人的尷尬事作爲趣事。你只管聽，不要教他們如何避免這些問題。

(10)要懂得他們是善良的。完美型的人要明白，他們並非誠心捉弄。

四、和平型員工——激發工作熱情

和平型就是一個老好人，他們和氣，與世無爭，不易生氣，也很容易滿足。他們做事平穩、冷靜、有耐心，並且能夠處變不驚。

和平型平時很低調，但你可別因此而小看了他們，他們雖然缺乏主見，但卻是任勞任怨、不折不扣的執行者。比如唐僧三位弟子中的沙僧，就是一個非常典型的和平型。他任勞任怨、勤勤懇懇，從來不會提出什麼要求。和兩位師兄比起來，他的本領最差，但他卻是最踏實肯幹、最聽師父話的「老黃牛」。

很多企業都在講執行力不夠，管理層下達的指令總是無法順利實施。如果從性格分析角度來看，正是因爲企業中有太多的力量型和活潑型，才使得企業逐漸失去了最基本的「執行力」。

各種性格類型當中，和平型的人算是最均衡的。他不能接受過分豐富或貧乏的生活，而是堅定地走中間路線，避免衝突，並考慮到立場。和平型的人不侵犯他人，不主動吸引別人的注意力，且安靜地做著應該做的事而不求讚賞。當力量型的人是「天生領導者」時，和平型的人則會是「學來的領導者」。在恰當的激勵下，和平型能憑藉與人融洽相處這種超凡的能力，升至頂峰。

管理這類和平型的員工，他們的忠誠度沒問題，執行力也沒問題，關鍵的問題是需要激發他們工作的激情。老黃牛的精神固然值得人尊敬，但是一直慢慢悠悠，如牙膏般不擠不動的話，估計很多企業都會頭痛的。

阻礙員工實現自我激勵的十大要素：

企業氛圍中充滿政治把戲

對員工業績沒有明確期望值

設立許多不必要的條例讓員工遵循

讓員工參加拖遝的會議

在員工中推行內部競爭

沒有爲員工提供關鍵資料以完成工作

提供批評性、而非建設性的回饋意見

容忍差業績的存在，使業績好的員工覺得不公平

對待員工不公正

未能充分發揮員工能力

激勵和平型員工的九大妙招：

第一招，工作上「共同進退」，互通情報

工作本身就是最好的興奮劑，與其讓員工揣測公司發展前景，不如讓員工把心思放在工作上。管理者應該在工作中與員工「共同進退」，給員工提供更多工作中需要的資訊和內容，如公司整體目標、部門未來發展計畫、員工必須著重解決的問題等，並協助他們完成工作。讓他們對公司的經營策略更加瞭解，從而有效、明確、積極地完成工作任務。

第二招，「傾聽」員工意見，共同參與決策

傾聽和講話一樣具有說服力。管理者應該多多傾聽員工的想法，並讓員工共同參與制定工作決策。當主管與員工之間建立了坦誠交流、雙向資訊共用的機制時，這種共同參與決策所衍生的激勵效果，將會更爲顯著。

第三招，尊重員工建議，締造「交流」橋樑

成功的主管只有想方設法將員工的心裡話掏出來，才能使部門的管理做到有的放矢，才能避免因主觀武斷而導致的決策失誤。主管鼓勵員工暢所欲言的方法很多，如開員工熱線、設立意見箱、進行小組討論、部門聚餐等方式。但是，無論管理者選擇哪種方式，都必須讓員工能夠借助這些暢通的意見管道，提出他們的問題與建議，或是他們能及時獲得有效的回覆。

第四招，做一個「投員工所好」的管理者

作爲團隊核心的管理者，必須針對部門內員工的不同特點「投其所好」，尋求能夠刺激他們的動力。每個人內心需要被激勵的動機各不相同，因此，獎勵傑出工作表現的方法，也應因人而異。

第五招，興趣為師，給員工更多工作機會

興趣是最好的老師，員工們都有自己偏愛的工作內容，管理者讓和平型員工有更多的機會執行他們喜歡的工作內容，也是激勵和平型員工的一種有效方式。工作上的新挑戰會激發出和平型員工更多的潛能。如果員工本身就對工作內容很有興趣，再加上工作內容所帶來的挑戰性，員工做起來就會很著迷，從而發揮出更多的潛力。

第六招，「讚賞」，是最好的激勵

讚美能夠使和平型員工對自己更加自信，使他們對工作更加熱愛，能夠鼓勵和平型員工提高工作的效率。給和平型員工的讚美也要及時而有效，當他（她）工作表現很出色時，主管應該立即給予稱讚，讓員工感受到自己受到上司的讚賞和認可。除了口頭讚賞，管理者還可以使用書面讚美、對員工一對一地讚賞、公開表揚等形式鼓舞員工士氣。

第七招，從小事做起，瞭解員工的需要

每個員工都會有不同的需求。主管想要激勵員工，就要深入地瞭解員工的需要，並盡可能地設法予以滿足，提高員工的積極性。滿足員工要從小事做起，從細節的地方做起。

第八招，讓「業績」為員工的晉升說話

目前，按照「資歷」提拔員工的公司多不勝數。專家認爲，靠「資歷」提拔員工並不能鼓勵員工創造業績，並且會讓員工產生怠惰。相反，當管理者用「業績說話」，按業績提拔績效優異的員工時，反而能較好達到鼓舞員工追求卓越表現的目的。

第九招，能者多得，給核心員工加薪

在特殊經濟形勢下，物質獎勵仍然是激勵員工最主要的形式。薪水不僅能保證員工生存，更因其「能者多得」的作用，而起到激勵效果。但是在眾多公司大幅降低開支的情況下，主管對用加薪激勵員工的方式顯得更加謹慎。專家認爲，經濟危機不代表不加薪，只是加薪的要求更高，關鍵看員工能爲公司帶來多少價值。對爲公司創造出高利潤、開發出贏利新專案的核心人才，通過加薪激勵是必不可少的。

與和平型員工溝通的藝術

(1)尊重對方的性格特點。不能因爲對方不冷不淡的性格而對其進行排斥。管理者要意識到，每一種性格都具有優點和缺點，但沒有優劣之分。

(2)對這些員工的管理應該有足夠的耐心，但不能過分熱情。過分熱情往往會招致他們的反感。同時在與其溝通時，儘量少用鼓勵的方式和開放式的問題與他們溝通。

(3)尋找共同點。管理者應該儘量尋找與這些員工的共同點，如是否都喜歡上網、看書、運動等，投其所好，拉近雙方之間的距離。

(4)注意談話的方式，從自己的煩惱等談起。首先多問一些封閉式問題，不造成壓力，然後試圖問一些開放式問題，並做到以聽爲主；不能經常追問對方對某事的看法，以免引起員工厭煩。

(5)以新鮮的活動感染員工。管理者可以經常舉辦一些豐富多彩的活動，在非工作場合讓他們融入到集體之中，起到改變他們性格的作用。

(6)培訓他們，並讓他們掌握說出自己感受的技巧。管理者應意識到培訓的作用，有意識地讓他們參加一些談話類的訓練課程，在培訓中，教會他們說出自己感受的方法與技巧，使他們不善於表達的缺點得到改善。

◆延伸閱讀◆

戲說四個徒弟的「履歷表」

★孫悟空：自主創業「山大王」

這一次，悟空真的成了「海歸派」，見識大了，功夫長了。想著快到家了，他高興得不亦樂乎，他滿腦子的抱負和創業激情：「憑我這本事，一定能幹出一番大事業！」此時的悟空，的確是已經發生了翻天覆地的變化，有詩為證，「去時凡骨凡胎重，得道身輕體亦輕。舉世無人肯立志，立志修玄玄自明。」

悟空回來的第一件事就是號召兄弟、兒孫們奪回洞穴，打群架。猴王一回來，猴子們就訴苦說猴洞被人占了，猴子們被抓去了不少。這事情誰也受不了，何況是落到這猴頭頭上？只見他嗷嗷直叫，無心吃茶水、果子，一腳踢翻了桌子，摩拳擦掌，吵著就要和那占洞的冤家——混世魔王一見分曉。

猴子們帶領悟空找到混世魔王的巢穴。悟空沒耐心和混世魔王囉嗦，就赤手空拳打將過去。混世魔王分明也只是個小混混，膽子大一點罷了，哪敵得過他。悟空不依不饒，使出變化，弄出眾多小猴子纏著混世魔王直打，好個熱鬧壯觀場面。那魔王被整得「毛盡眼珠失」，渾身是「補丁」，然後，悟空劈頭給了他一刀。好個心狠手辣的猴子，他不僅結果了魔王的性命，還來了個「三光」政策——把他下屬的大小妖精全部殺光，把洞穴燒光，把東西搶光。

悟空啊，悟空，雖說你心地善良，但你也有野獸的一面。雖說你是「海歸」，還讀了幾年經書，混了個高中，但怎麼就和混世魔王一般見識？人家把你家幾十隻猴子抓去不也沒殺嗎？人家不還沒燒你花果山的洞穴嗎？怎的你心那麼狠，出手那麼重?!

悟空做的第二件事情就是搞兵器。和混世魔王的戰鬥，讓悟空學聰明了：打仗不能沒兵器啊，光憑這竹竿、木刀，赤手空拳不頂事。要想不被人欺負，保證打勝仗，必須得真刀真槍。有猴子獻計，到隔壁傲來國去買。說是去買，其實就是去偷、搶。「砍頭不要緊，搞到就是真」！悟空打開傲來國武庫的門拿兵器，就和進自己家一樣。嫌自己拿不夠，就把小姨子、表姐、堂兄、遠房的舅媽、孫子們一起弄來搬。

第三件事：通過武力威懾，統治了整個花果山地盤，成了「山大王」。他每天指導進行軍事演練，加強組織和分工，還任命了元帥和大將軍，自己獨自為王，樂在其中。

第四件事：他跑去找龍王要行頭，非法佔有人家的寶貝。如意金箍棒、藕絲步雲履、鎖子黃金甲、鳳翅紫金冠，都是他向龍王們強行索要的。而且，強行拿了人家東西不說，還一邊走，一邊罵，一邊打出去。龍王們也真是碰見鬼了，竟碰到這種「小混蛋」！

第五件事：廣交狐朋狗友。牛魔王等六個兄弟就是在這時候結拜的。

第六件事：把猴屬類從生死簿上除名。這真是個偉大的「壯舉」。這傢伙居然跑到地府，把「孫悟空」從生死簿上銷了號，還把猴子類的都銷了號，把個地府也打殺了一通，才善罷甘休。

天不怕、地不怕的孫悟空這下子可闖大禍了！他哪裡知道，龍王、閻王都是玉皇大帝的嫡系官員啊！

「孫悟空不過是個無名小卒，居然敢公然挑釁政府機構，這還得了！」玉皇大帝極為惱火，親自下令將孫悟空捉拿歸案。這時，太白金星跳出來說：「這猴子這些年已經修煉成仙，也是難得的人才，還是招安比較好，這樣可以把他管束起來。如果他不聽招安，我們再捉拿他也不遲啊！」玉皇大帝覺得也有道理，於是就叫太白金星這個人力資源部長親自去招安。

話說猴子早就渴望到天宮混個一官半職，混個金飯碗，提升社會地位，這太白一來招安，猴王的地位刷啦一下子就猛地高躥了。開玩笑，這可是中央直接下來提人啊！猴王簡直就是喜之不盡，沒講任何條件，就屁顛屁顛地跟著太白老頭兒上天去了。他哪裡知道天宮到底好不好，哪裡知道玉皇大帝他們葫蘆裡賣的什麼藥。

猴王被分配到御馬監，當上了「弼馬溫」這樣一個天官。新官上任，猴子熱情似火，全心投入工作，願意從基層幹起，和基層同事一起掃地、打水、養馬、拉草料，日子倒也過得風平浪靜。

半個月後，一件事情攪亂了他的心緒。悟空和幾個監官喝酒，席間，悟空問起自己的官職大小，沒料到大家回答說「弼馬溫」是個沒品沒從沒入流的最小小官。孫悟空恨不得鑽地洞，他怒不可遏，拿著棒子就打出天庭，返回了花果山。

回去後，見過天宮排場的孫悟空也稱起了皇帝名號——齊天大聖。玉皇大帝見猴子不知天高地厚地「稱帝」，於是，就派天將捉拿他。以托塔天王李靖和三太子哪吒為首的天兵天將，和悟空的花果山派系幹了起來，結果悟空得勝而歸。

天宮戰敗，雖然面子上不好看，但玉皇大帝也沒轍。太白金星又出來勸架：「猴子只是嫌官小而已，給他個空銜，不就行了嗎？免得再興師動眾的。」玉皇大帝採納了這位人力資源部長的建議，決定封他為「齊天大聖」，收在天宮，後來安排管理蟠桃園。

時隔不久，王母娘娘舉行蟠桃大會。這麼重要的會議，幾乎天上的小小官都被邀請了，卻沒請堂堂的「齊天大聖」參加（他們壓根兒就沒把猴子當回事）。孫悟空又一次感受到了莫大的羞辱。這一回，他來了個大鬧蟠桃會，把開會準備的好吃好喝的東西吃喝了個足，潑灑了一地，又偷吃了太上老君的仙丹，後來還打了個大包帶給猴子猴孫們吃喝。

這下子可激怒了玉皇大帝和王母娘娘，天宮上下迅速進入一級戰備，全力圍剿孫悟空。遺憾的是，天將們沒有哪位能奈何得了這猴子。觀音菩薩向玉皇大帝舉薦二郎神和他的一幫兄弟。二郎神等神仙大戰悟空，好一陣廝殺。最後，太上老君趁兩人酣戰之機，使出暗器——金剛琢，打傷了悟空，才生擒了他。

死罪。孫悟空被推出斬首，卻毫髮無損。太上老君就主動請纓，要用八卦爐火煉悟空，卻不料，猴子越煉越精神。開爐之日，悟空踢倒煉丹爐，又是一頓大鬧天宮，打得玉皇大帝躲到龍椅下不敢出來。無奈何，趕緊派人去西天請如來幫忙。後來的故事大家就都知道了。如來憑藉無邊法力，把猴子牢牢地壓在五行山下。這一壓就是五百年啊！

可憐的悟空，縱然一身本事，又奈何呢？誰要你刻意在乎名分？誰要你狂傲無羈，無法無天呢？悟空的天宮職業生涯就此夭折。直到唐僧取經經過五指山，才把他解救了出來，開始了取經生涯。從此，孫悟空就成了孫行者，通過努力，他用實踐和行動改造了自己。就這樣，極具聰明才智的孫悟空，以他備受爭議而不屈不撓的一生，書寫了其個性成長的傳世佳話。

★豬八戒：鄉鎮農民「企業家」

豬八戒前生是天蓬元帥（下稱老豬），人長得有點帥，管理天河，應該屬於一個搞水產養殖的鄉鎮農民企業家角色。

其實，老豬以前不過是個鎮長身邊的行政辦事員，可他頗有獨到的本事。老豬能吃能喝啊，兩斤白酒加十瓶啤酒都撂不倒他。老豬為人厚道，誰也不得罪，從不和上級抬槓，把上司服侍得舒舒服服的。老豬善於抓住上級需求，哪裡有好吃好玩的，一定不會忘記上級，逢年過節都要給他們送禮，還給好色的上級安排美女等。

老豬還有一個專長，那就是葷段子說得真個是幽默得很。所以，老豬就憑藉這幾點，和縣裡、鎮裡的頭兒們關係好得很。上級們喜歡他，感恩他，也不管什麼其他的組織考察了，直接點名要他出任「天河水產養殖公司」老總。

老豬那廂，當了主管自是不負上級厚望，要麼主動邀請上級過來搞慶典，要麼陪同上級「現場辦公」。他那裡三天兩頭就有上級去指導、考察、搞活動，好不熱鬧。

有吃，有喝，有人際關係，有享受不盡的美女，老豬的日子過得真是風光無限。他在當地呼風喚雨，已經忘乎所以。對色，老豬更是得寸進尺。主動投懷送抱的美女，已經難以滿足他的胃口，老豬開始把目標轉移到頗有姿色的良家女子身上。在工作應酬接待之餘，無事向她們獻殷勤。真是「功夫不負有心人」，厚顏無恥的老豬屢屢得手，更加有恃無恐，將目標範圍從公司的美女開始擴大到全鄉鎮的美女。貪戀女色，享樂其中，讓老豬好不自在。

很快要開「天宮企業家全會」了。老豬作為鎮裡的優秀企業家（不如說是「吃貸款」的企業家），被邀請出席。按理說，這是一次奔赴中央核心的好機會，是一次開闊視野的好機會。老豬從來沒有如此開心過，飄飄然而不知所以然。然而，他的心思根本就沒放到會議上，倒是橫豎研究起城裡的女人，見一個愛一個，連賓館的服務員都不放過。會議結束後，企業家、上級們請來了「天宮仙子藝術團」演出助興。

演出實在太精彩了，老豬大開眼界，口水直流。嫦娥的出場，徹底擊垮了老豬的全部防線。老豬整個人軟綿如泥，熱血沸騰，完全不能自已。「世上竟有如此美貌女子？我老豬一定要得到，嘗個鮮！」他心中盤算著。

演出一結束，老豬借著幾盅酒力，學起狗仔隊，早早地尾隨跟蹤嫦娥，直到看見她身邊的人紛紛離開。下手的機會來了！已經習慣強迫、挑逗女人的老豬，對嫦娥進行百般挑逗，語言動作下流不堪。

你想想：平白無故冒出一個肥頭大耳的人，耍著酒瘋向你示愛，天下有幾個女人能接受？豬八戒完全沒有了在自己地盤上的那份如魚得水，遭遇到了嫦娥最頑強的抵抗，無法得逞。而色膽包天的天蓬元帥老豬，早已驚動了天宮保安，並迅速被天宮的公安以涉嫌「強姦未遂」罪帶走。這下可慘了！老豬真是頭豬，這是什麼地方啊，哪像在你鎮上啊，容得了你在這裡撒野?!

原本是開經驗交流大會，現在卻弄出這樣的「醜聞」來，可惹怒了玉皇大帝。玉皇大帝派人到天河調查天蓬元帥的底細。這不查不知道，一查嚇一跳。這個傢伙哪裡有什麼業績？哪裡有什麼真本事啊？至今仍欠錢莊貸款三千萬，帳面資金所剩無幾。公款吃喝嚴重，生活腐化墮落，亂搞男女關係，道德敗壞，任人唯親，拉幫結派，腐敗全了。種種資料顯示：天蓬元帥的時代已經結束了。眼不見，心不煩，玉皇大帝乾脆決定將這個無德無能的傢伙貶下凡間，讓他變個豬樣，到人間活受罪去。

從此，自以為挺帥、挺能耐的天蓬元帥就開始了他一副醜陋嘴臉的「豬精」生活，直到受觀音菩薩指點，拜唐僧為師，參加取經團，取名豬八戒（法號悟能）。經過一番改造，老豬來了個「十級連環跳」，為取經立下了汗馬功勞，並成為了赫赫有名的「淨壇使者」。他食腹寬大，諒你有多少貢品，他都會為你一掃而光。放心吧！

★沙僧：用腦工作不如用「心」工作

說起沙僧，你一看他那一副酷呆的面孔，十年都不笑一笑，就知道是個理性得不能再理性的人。所謂理性者，一般好喜用腦。沙僧就是一個愛用腦的人。

沙僧自小少年得志，一帆風順。從小就神氣得很，智勇雙全，小有英雄名氣，被人視為「神童」。人們都很看好他，覺得這孩子有前程。

長大後的沙僧，見多識廣。他遊歷了五湖四海，獲得了不少社會經驗。為了學習本事，他走南闖北地到處學「道」，修煉自己的身心，心神篤定，衣缽隨身，專心尋找有道真人。後來，他真的遇到了一位道人。這道人學術非凡，給他指點迷津，引領他成功晉級職業生涯。身為小公務員的他，上任辦了幾樁事情，辦得很漂亮，從此名聲大噪。後來人們就把他當範本，推薦給玉皇大帝，玉皇大帝也沒仔細考查，就高興地封他為「捲簾大將」（秘書兼保鏢的角色）。這下子沙僧可神氣了，他腰裡掛著虎頭牌，手裡拿著降妖杖，隨著上級進進出出，吃香喝辣，狐假虎威，不亦樂乎。

沙僧不亦樂乎的日子過得暢快，但天宮可炸鍋了。你看他動不動地就拿著雞毛當令箭，把那些天宮官員唬得慌，如果再惹惱了他，他還要用寶杖打人呢。起初，大家還不說什麼，可時間長了，大家也就慢慢地知道沙僧的德性了——做事情一點人情味都沒有，冷冰冰的！連太上老君這些老前輩都躲著他。事情搞成這樣，玉皇大帝覺得很為難，長此以往，國將不國，這樣下去，可不好弄啊！

機會終於來了，真是「欲加之罪，何患無辭」！玉皇大帝這一招也夠陰狠的。他自己不出面，派王母娘娘出面搞定這件事情。

瑤池蟠桃會上，天將們都到場慶祝，王母娘娘故意把琉璃盞（玉玻璃）拿出來給天將們看，說這東西可值錢了，幾萬年前的古董呢。然後，王母娘娘又派人頻繁給捲簾大將敬酒，灌得他爛醉，還故意提出要捲簾大將把琉璃盞（玉玻璃）轉交給玉皇大帝做金婚禮物。趁捲簾大將酒醉拿不穩，琉璃盞（玉玻璃）被人暗中做了手腳，結果重重地摔在了地上，砸了個稀爛。玉皇大帝暴跳如雷，心中卻暗自高興：「正好借機修理你。」於是，要將他斬首。捲簾大將平常得罪的人多了，沒人說情，最後，赤腳大仙這老頭子實在看不下去了，就出面求情，才免了他的死罪。年輕氣盛的捲簾大將就此被革職。

可憐的天宮捲簾大將被暴打八百鞭，貶下凡間，做了流沙河的妖精。流沙流沙，流動的沙子（我們都是流動的沙）。在位是秘書，人模鬼樣，下臺後還不是流沙一粒，吹到哪裡就是哪裡。「人家說我是妖精，那我就是妖精啦！」從此，沙僧就幹起了沒有自律、暗無天日的妖精勾當，整天守在流沙河吃人。昔日的捲簾大將被世俗的流沙吹得此起彼落，英雄從此而淪落了……真是可悲！可嘆！

玉皇大帝用了很直接很殘酷的一招來「教育」（懲罰）沙僧。「你不是喜歡用腦袋而不喜歡用心來工作嗎？那我就每隔七天一次，叫人用『萬箭穿心』來對待你，讓你體會一下你在傷人心的時候是個什麼滋味！」沙僧啊，沙僧，他不服啊，他哪裡知道玉皇大帝在想什麼，哪裡知道自己是怎麼被革職的。

「沙僧啊，你應該明白，我玉皇大帝也是一番好意。你說你不是妖精，誰信啊？問題是——你在這個職位上，把我們天宮的人都得罪了啊，特別是那些主管。你說，你讓我今後怎麼開展工作啊？那些主管和群眾都認為你是妖精啊！沙僧，你有才華，但你這種工作方式不適合做秘書啊！」玉皇大帝其實也很惋惜他。

觀音菩薩尋找取經人的時候，巧遇沙僧。觀音一聽沙僧的哭述，心中已明白幾分。她也體會到沙僧的苦惱和無奈。「沙僧啊，沙僧，你為此苦惱，還不是你自找的嗎？為什麼不走正道，而要自暴自棄呢？」善良的觀音菩薩決定幫助他。

菩薩調教沙僧的方法可不一樣。她認為：這個沙僧，僅僅給他講道理是沒用的，得要他自己在生活、工作中親自體驗怎麼叫用心才行。菩薩用自己的心感化著沙僧，答應幫助沙僧取消玉皇大帝對他「萬箭穿心」的懲罰，叫他和取經人一起取經，體驗什麼叫用心，什麼叫用腦。菩薩還說：「你其實很優秀的，只要你學會了用心這一點，你也可以成功的，還可以官復原職。」聽著菩薩的話，沙僧覺得十分溫暖，他不甘心啊！他決心從此洗心革面，好好地從頭再來。

★白龍馬的身世

白龍馬的前身是小白龍，一個不得了的傢伙。他本來是西海龍王敖閏的兒子，從小就被嬌生慣養的他，長大後無法無天。

他不知道什麼叫勞動，也不知道什麼叫辛苦；他不知道什麼叫尊敬，也不知道什麼叫謙卑；他不知道什麼叫犯罪，也不知道什麼叫守法。在龍宮裡，他一向是衣來伸手，飯來張口，吃喝嫖賭，偷雞摸狗，生性頑皮，離經叛逆，十毒俱全。在西海，他是想幹啥就幹啥，誰的賬也不買。幼年的時候，還怕他老爹幾分。現在長大成人了，整個龍宮上下都拿他沒辦法。眼看父親老了（其實也就只有五十多歲），小白龍一時心血來潮，想幹一番大事業（其實是想為所欲為），於是就策劃了一起篡奪龍王寶座的行動。

一天，他老子——西海龍王出去開會，小白龍就發動一幫狐朋狗友縱火燒了龍王寶殿上的明珠。他以為這樣會讓玉皇大帝免去他老子的職務，然後，由他來收拾殘局，坐鎮西海。沒想到，這想法太單純，太幼稚了。「縱火案」策劃得太膚淺，漏洞百出，把個事情可鬧大了。要知道：這明珠是玉皇大帝欽賜的鎮宮寶貝，是拿來照明用的。沒有了照明，龍宮一片漆黑，一切運作都不復存在，更可怕的是，火勢蔓延得很厲害，整個西海陷入一片混亂之中。

禍事鬧大了！這次「縱火案」造成直接經濟損失好幾千萬，燒死燒傷龍宮人員共計一百四十餘人，整個西海龍宮號啕四起，憤罵聲不絕於耳。這次慘案，因為一個年輕人單純的一念之差，震驚了整個海洋世界，震驚了整個天宮。玉皇大帝惱羞成怒，派出重案組，下令三天火速破案。

小白龍東窗事發，被迅速抓捕歸案，一切只有從實交代。犯了如此天大的過錯，西海龍王備受牽連，自身地位都保不住，更別說袒護兒子了。玉皇大帝做了判決，以「縱火罪」和「忤逆罪」判處小白龍死刑，命令先把他吊起來打三百下，再在三日後執行死刑。養了這麼個不爭氣的兒子，誰之過？西海龍王後悔不已，後悔以前沒有把喝酒應酬的時間拿來教育兒子，現在一切都晚了，他老淚縱橫。

執行官把小白龍吊起來，打得他皮開肉綻，哇哇直叫。也是小白龍這傢伙命好。恰好觀音菩薩去東土尋找取經人，路過此地，於是細問究竟，小白龍趁機懇求觀音菩薩搭救他。觀音見他還十分年輕，又是一念之差，便生了善心，決定給他一條生路。

觀音跑到天宮給玉皇大帝打了個招呼，要玉皇大帝把小白龍給自己弄去改造，給取經人做「腳力」。觀音說：「小白龍不是不懂得服務，不懂得勞動，不懂得守法，不懂得尊敬長輩嗎？好，現在，我就叫他給取經的師父做『腳力』，也讓他懂得什麼叫人生，可好？」玉皇大帝一聽，高興得在龍椅上蹺起拇指笑道：「好！很好！非常好！」

小白龍的命就這樣保了下來。觀音把他安頓到蛇盤山鷹愁澗，後來，他幸運且光榮地加入了取經團，也算將功贖罪吧。一路上，他兢兢業業，任勞任怨，捨身馱主，不離不棄，硬是挺著一身的老繭，一步一個腳印地把唐僧送到了西天靈山。

[第四章]

西遊中層的管理心經

一直以來，許多管理學者視西遊記團隊為執行力的典範，並熱衷於挖掘其中的成功因素。然而，有一個對團隊最終「修得正果」至關重要的因素，卻一直鮮有提到。這就是，西遊團隊有一個執行力卓越的中層領導——觀音。她在選人、用人、管事和考核等各個環節所施展的領導行為，著實令人稱道，發人深省，值得我們分析和借鑒。

卓越的中層領導——觀音

觀音菩薩流傳在民間的形象非常之多，有楊柳觀音、臥蓮觀音、魚籃觀音、水月觀音、白衣觀音、千手千眼觀音、十八臂觀音、多羅尊觀音、阿麼提觀音等，據說有三十三種之多。觀音菩薩從廟堂之上的蓮花寶座，走進尋常百姓家，走進人們的心裡，成為「慈悲」的同義語。在中國，她的名氣和影響幾乎超過了所有的神靈。

同樣，觀音也走進了《西遊記》的世界裡，而且，在這個世界裡，觀音菩薩更富有親和力。如果把西遊全部人馬比作一大個團隊，那麼她就是這個大團隊裡卓越的中層領導。

一、優勢互補，德者居上——奠定團隊基調

整個《西遊記》的故事始於最高領導者如來的一句綱領性的指示：「去東土尋一個善信，教他苦歷千山，遠經萬水，到我處求取真經，永傳東土，勸化眾生」。從任

務要求看，西去之路山水險阻、鬼怪兇殘，照理，這一工作屬性要求執行者須是一位神通能人，但觀音最終卻選了一無神通二無武藝的唐僧。這是爲何？

(1)德者居上

要說降妖伏魔的本領，唐僧連最差的白龍馬都趕不上，但爲什麼觀音就認定他能夠擔任西天取經如此大任的團隊領導者呢？

關鍵在於唐僧有三大領導者素質：

首先，**目標明確，善定願景**。

作爲一個團隊領導者，能夠爲團隊設定前進目標，描繪未來美好生活是必要素質。領導者如果不會制定目標，肯定是個糟糕的領導者。唐僧從一開始就爲這個團隊設定了西天取經的目標，而且歷經磨難，從不動搖。一個企業，也應選擇這樣的人做領導者。團隊的領導者本身就是企業文化的傳承者和傳播者，只有他自己堅定不移地信奉公司的文化，以身作則，才能更好地實現團隊的目標。

其次，**手握金箍，以權制人**。

如果唐僧沒有緊箍咒，估計早被孫悟空一棒打死，或者使喚不動他。這也是一個領導者的必備技能。一定要樹立自己的權威，沒有權威，也就無法成爲領導者。但是唐僧從來不濫用自己的權力，只有在大是大非的時候，才動用自己的懲罰權。這對企業領導也是有借鑒意義的。組織賦予的懲罰權千萬不要濫用，獎勵勝於懲罰，這是領導藝術的基本原理。

第三，**以情感人，以德化人**。

最初的時候，孫悟空並不尊重唐僧，老覺得這個師父肉眼凡胎、不識好歹。但是在歷經艱險後，唐僧的執著、善良和對自己的關心也感化了孫悟空，讓他死心塌地保護唐僧。作爲一個團隊領導者，情感管理也是非常重要的，尤其在中國文化的大背景下。中國人往往是做生意前先交朋友，先認可人，再認可事，對事情的判斷，主觀性很大。所以在塑造團隊精神的時候，領導者一定要學會進行情感投資，要多與下屬交流、溝通，關心團隊成員的衣食住行，塑造一種家庭的氛圍。

總的來說，在選擇團隊管理者時，要用人爲能，攻心爲上。目光如炬，明察秋毫，洞若觀火，高瞻遠矚，有眼光，就不會犯方向性的錯誤。

(2)能者居前

孫悟空這樣能力超強的員工只能是一個好員工，不能成爲一個好領導者。什麼意思呢？孫悟空最大的樂趣是降妖伏魔，常說「抓幾個妖怪玩玩」，這是一種工作狂的表現。他不近女色、不戀錢財、不懼勞苦，在降妖伏魔中找到了無限的樂趣。他天性頑皮、直言不諱，經常把玉皇大帝、各路神仙都不放在眼裡，注定他無法成爲一個卓越的領導者。

但作爲一個團隊的成員，有了唐僧，就不需要孫悟空有領導能力，否則唐僧的地位肯定要受到威脅。這也就是爲什麼在選擇團隊成員時要非常慎重，要能夠優勢互補，能力互補，個性互補。

孫悟空的另外一個缺點就是愛賣弄，有了業績就在別人面前炫耀，而且得理不讓人，這顯然也影響了他繼續發展的可能。作爲一個領導者，觀音非常清楚下屬的優缺點，量才而用，人盡其才。

(3)智者在側

之所以說豬八戒是個智者，完全是站在當今社會的角度。現代社會，員工的壓力都很大，如何做一個快樂的人，就要用到豬八戒的人生哲學了。當然，八戒的人生哲學，只是我們在遇到挫折、失敗時候的一種自我解脫，不能成爲自己的主流價值觀。

(4)勞者居下

如果取經團隊只有唐僧和悟空、八戒三個人，那還是有問題。唐僧只知發號施令，無法推行；悟空只知降妖伏魔、不做小事；八戒只知打打下手、粗心大意。那擔子誰挑、馬誰餵、後勤誰管？可見一個團隊，各種人才都要有。

總的來說，唐僧團隊之所以能取得如此輝煌的成就，關鍵在於觀音爲他組建的團隊成員能夠優勢互補，目標統一，每個人都能發揮自己的效用，所以形成了一個越來越堅強的團隊。

二、察、導、懲、助，善管執行過程

中層執行力的真正功力在於管好執行過程。管，不是處處跟蹤，不是事事指示，更不是參與代辦；管，最爲要緊的是做好對關鍵事件的監控和引導。

對此，觀音爲管理者們樹立了很好的榜樣。她總是在關鍵時刻給予取經團隊必要幫助，而在平時從不輕易現身，影響取經團隊常規工作。這種「處處不在處處在」的管理行爲，體現了極高的領導智慧。

下面著重從四個方面予以剖析：察、導、懲、助。

第一，**「察」是指對下屬執行現況及進程的跟進與預測。**

觀音雖然沒有隨身跟著執行團隊，但唐僧師徒的行程卻從未走出她的法眼。這要求幹部注意疏通「下情上傳」的通道，建立工作進程彙報制度和明察暗訪制度，另外還可充分利用網路通訊等便捷條件，不定時掌握並分析工作進展。

第二，**「導」主要指做好下屬思想的疏引，協調內部矛盾。**

總結觀音的方法，至少有三類：

(1)導之以理。悟空在鷹愁澗收小白龍一戰後，就當著觀音的面，言辭激烈地表達了放棄取經的態度。應該說，這種半途「撂挑子」的行爲最讓領導者憤怒。但觀音不僅耐心聽完悟空的牢騷，還諄諄善誘道：「你當年未成人道，且肯盡心修悟；你今日脫了天災，怎麼倒生懶惰？我門中以寂滅成真，須是要信心正果。」這就講明了取經道理，有效地激勵悟空要堅定意志，堅持方向。

⑵導之以利。依然拿鷹愁澗一事爲例，觀音除了導之以理，更是給了猴子一樣寶物——三根救命毫毛。這不僅是筆不菲的額外獎勵，更體現了領導者對下屬的人文關懷。

⑶導之以情。從鷹愁澗一事可以看出，觀音做思想工作很像一名心理諮詢師。她耐心傾聽，能從下屬長遠利益和人格成長的角度，曉之以理、予之以利，處處透露著親人長輩般的關愛，讓下屬不得不感動。這也是觀音人格魅力之所在。

第三，**「懲」是對下屬錯誤思想行為的懲戒**。實踐表明，對心智不成熟的下屬的管理，有時候適度地懲罰要比一味地引導有效。觀音雖然甚愛自己培養的下屬，但也會動用懲戒之術。最典型的就是給野性難馴、肆意妄爲的孫悟空帶上緊箍咒。

第四，**「助」是指在下屬工作遇到特殊困難非其力所能勝任時，給予必要的支持幫助**。

這一般分爲兩類：

⑴直接幫助：是指領導者親自出面干預流程、協調關係、解決問題的支持方式。觀音直接出面幫助的例子很多，如黑風山收伏熊羆怪、五莊觀救活人參果樹、火雲洞

降縛紅孩兒等。

⑵間接幫助：是指領導者通過授權、委託或邀請他人等途徑提供幫助的支持行爲。這能夠較大限度地挖掘利用人脈資本。觀音差遣六丁六甲、五方揭諦、四值功曹、十八位護教伽藍等各方神仙，輪值保護取經團隊，這是典型的間接支持手段。

三、按勞行賞，嚴評執行績效

很多管理者在績效評估時，往往強調其中的「結果」成分（「功勞」），而忽視員工在追求工作結果過程中的「行爲」成分（「苦勞」），這是片面的。而兼顧結果與行爲過程，才是科學全面的績效觀。在這一點上，觀音做了很好的示範。

首先，觀音對工作過程中原則性指標的考核評定十分重視且極爲嚴格。

觀音在細心地查閱了五方揭諦等上交的唐僧患難本上，竟發現少了一難，而此時，唐僧一行已在飛回東土的途中。按照情分，此是師徒領取畢業證書回家的時候，不應再去追究。但觀音堅持認爲：「佛門中九九歸真，聖僧受過八十難，還少一難，不得完成此數。」即工作目標尚未達到，堅決不予審核通過，於是下令追加一難。

此時大慈大悲的菩薩，是嚴厲苛刻的。在她看來，能到西天取經是一個結果指標，而經歷的磨難，則是一個事先經過量化的必須達到的過程性指標，兩者缺一不可。

另外，觀音還以團隊成員在工作過程中的行爲表現，作爲最終加封職位的關鍵依據。

雖然師徒一行的職位封授是佛祖宣布的，但顯然這份封授報告必是作爲分區主管的觀音草擬提交的。觀音嚴格按照團隊成員在執行過程中的行爲表現分別加以封授。唐僧師徒所得到的職位與其所付出的苦難是基本一致的，沒有徇私偏袒於誰。觀音的按勞行賞、兼顧功苦、嚴格評價的作風，令人肅然，讓人仰止。

總之，領導者要正確地用人，真正啓動下屬的積極性，必須做到按功行賞，論過處罰。爲下屬提供一個公平競爭的環境，避免人爲的矛盾，堅持功獎過罰，才能帶動大多數人的積極性。

四、張弛有度，授權應因人而異

大多數領導者的下屬不會是個個都出色的。班子中總有這樣或那樣的員工不太令人滿意。如能根據每人的特點及你的戰略思路對所有員工都適當授權，不僅可大大提高你的工作效率，克服總是使用「得力」下屬所帶來的負面影響，還可以化腐朽爲神奇，促進團隊作風的形成，減少內耗，使整個部門的工作事半功倍。

從理論上講，一個較爲完善的組織裡，應由哪些人接受授權，應該是早已確定的，有一定規則的。作爲領導者，如果你偏離了這一規則，而又無足夠的理由，就可能傷害一些下屬的感情。

在領導者授權的人選中，有兩類人是最重要的，這兩類也常常被領導者稱爲「得力人選」。

這兩類人，其一是「法定」代理人。這個人不一定能力最強，但地位或資歷卻僅次於你。一旦你不在，從感覺上，他當然地應該充當維持局面的角色。可以向代理人分派的工作，以榮譽性、充數性、維持性的工作爲主，比如：出席一些二流會議，接待一些不那麼重要卻非見不可的來訪，在你外出時（哪怕是極其短暫）爲你看看攤子等等。

其二是潛在「接班人」。他們不一定是代理人，但卻極具資質和潛力。可讓他們參與並爲你分擔一些重要工作的預案準備、前期鋪墊及後期收尾工作，更成熟時，可獨立、半獨立地從事一些較重要的案子。從組織學角度來看，潛在「接班人」的最佳人數應爲兩人，以起到競爭和「備份」的作用。

上面這兩種人物是最重要的少數人，除此以外，在組織中，都或多或少地存在著下面這幾類人物：

(1)孫悟空式人物

這類員工的特點是能耐不小，狂妄自大，不太聽話。對這種情況，歐洲著名的管理學大師彼得‧德魯克說過：「一個有成效的管理者應該懂得，員工得到薪酬是因爲他能夠完成工作而非能夠取悅上級……一個完美無缺的人，實際上不過是個二流人才。才幹越高的人，其缺點往往也越顯著。」對這種人，你首先要多多委以重任（**如重要專案策劃等**），經常鼓勵並與之溝通。一旦他犯了錯誤，應該嚴厲批評，不批則已，一批批透，但同時也要暗留餘地和面子，一般不要當眾批評。所謂「恩威並重」，才能收爲己用。

(2)豬八戒式人物

這類員工的特點是有一定的業務能力，但「成事不足、敗事有餘、毫不利人、專門利己」，而且經常「嫉賢妒能、煽風點火」。對這種員工，依然可委以一些較爲重要的工作，但絕對必須與之講明你將進行檢查之處，並加強監督和批評；如有可能，應列出盡可能詳細的工作檢查要點清單，定期或突襲按項檢查；也可考慮派「悟空」類人物代你側面監督，但僅限向你打「小報告」，不宜直接介入其事。

(3)沙僧式人物

沙僧式人物的特點是踏實加令人無奈的平庸，缺乏自信。可將你手中已做熟的

「套路」類工作交給他，他每完成一項，就大加鼓勵，使之逐步樹立自信，再逐漸增加工作的難度。

(4)生手

沒有一個人不是從生手開始的。雖然「不把工作交給會給你添麻煩的人做」是效率上一個重要信條，但你若不對生手進行培養，他永遠也成不了「熟手」。

生手的優點在於其熱情高、不信邪，往往能夠從新的角度提出和處理問題。如能適當委派工作，是發現人才苗子的一個非常重要的途徑，並有提高士氣之功效。對委派新手從事「你才能做的工作」，應格外予以關照，給予鼓勵，給予指導，並儘量明確告訴他何時何地可以得到何人的何種援助。

(5)馬屁精

作爲領導者，光能用賢還不行，應該學會奸賢並用。當然，這類人才不可太多，但也不可或缺，他們可助你與其他部門的協同能力，進而放大你部門的工作效果。

俗話說：一樣米養百樣人。你不可能以一副「模子」來套用所有的人——

在指導思想上要「遠」、「近」結合

領導者分配工作應首先考慮分配對象能否完成任務，並保證總體目標的實現。但是，如果長此以往地滿足於這一點，忽視和放鬆對屬下的培養和他們工作積極性的調

動，勢必帶來團隊生機、活力的減弱和後勁的不足。正確的指導思想應該是「遠」、「近」結合，既注重眼前任務的完成，又要注意從長計議，在培養人才、增強後勁上下功夫。比如：對精兵強將，要力求少分配或不分配單調、重複、瑣碎的工作，主要讓他們在重點單位和關鍵環節上發揮作用，讓他們施展才華，鍛煉提高；對能力比較弱的下屬，既要交任務，壓擔子，又要教途徑，講方法，使其在完成任務的同時，不斷提高業務水準和工作能力；對長期在一個崗位上工作而滿足現狀、政績平平的員工，要適時將之放到新的環境或擴大他的工作範圍。這樣，就能調節其工作情趣，激發進取意識，保持經久不衰的工作積極性。

在工作標準上要「高」、「低」適度

在同等條件下，領導者分配工作要平等待人，公平合理，否則，你的下級必定不滿。人說，「不怕苦，就怕不公」，就是這個道理。但是，在內在素質、外在條件等因素均有差異的情況下，既要一視同仁，從嚴要求，又要因人而異有所區別。比如：對能力強、潛力大的員工可適當增大工作難度，提高工作標準；對得心應手、任勞任怨、適合做具體工作的「老黃牛」式的員工，可適當加大工作的負荷量，但又不能懸殊過大，鞭打快牛；對工作能力明顯偏低並有自卑感的員工，在明確分配工作的標準時，既不能放鬆要求，遷就照顧，又要注意接近性和能力度，即「跳一跳能搆著，激一激能上去」。如果可望而不可及，會使其喪失信心，失去希望，從而而產生逆向反應。

在人才組合上要「強」、「弱」互補

在確定人員、明確職責和具體分工時，既要充分發揮各自的優勢，又要注意發揮他們之間的合力和互補作用，力求做到使其心理上相融，性格上相合，能力上相補，達到一加一大於二的最佳效果。

派粗心者時，伴一個細心的人；性格急躁的，配個穩健的，使之互相提醒，互相開導，取長補短。《水滸傳》中，爲探明祝家莊虛實，宋江和吳用派了性情急躁的楊林同膽大心細的石秀並行。「三合土」之所以比普通土結實，原因是土、砂、灰三者有機結合，發揮了各自的互補作用。

在具體人員上要「長」、「短」兼用

一個人身上的「長」和「短」，不是固定不變的。「長」可以變「短」，「短」也可以變成「長」。領導者分配工作時，在允許的條件下，要力求揚長避短，儘量照顧各自的特長，使其有用武之地，這對調動員工積極性，搞好工作是非常有益的。但是，當一個人對自己的「短缺」有了深刻的認識，且有了改正的決心，並希望上級考驗時，採取「短兵長用」的方法，往往會收到意想不到的效果。

好中層要演好角色唱好戲

我們知道，「黑臉」與「白臉」是戲曲中的臉譜，臺上的角兒們一出場，不用開口，一看「黑臉」就知道是正面人物，若是「白臉」，就曉得是反派角色。

後來延伸開來，人們常常用「黑臉」來形容「好人」，而用「白臉」來形容「惡人」。在日常工作與生活中，很多場合都需要二人分飾「黑臉」與「白臉」，來唱一齣雙簧，以期讓事情的進展達到事半功倍的效果。

有人有疑問，我爲什麼要做壞人，幹那種得罪人的事？其實要當管理者，就必須得罪人。不得罪人，只能做一個專家，一個技術人才，天底下你找不到任何一個優秀的不得罪人的領導者，一個也沒有。

有人還有疑問，我如果做壞人，那怎麼帶領手下？這個問題問得好！向下溝通的精髓是「向下溝通要有情，助他成功」，所以，「嚴格要求」之外，一定要「有情待人」。對部屬的「有情」是什麼？是替他考慮他的未來發展，是培養他、栽培他，而不是讓他閒著沒事幹。所以，做壞人的含義是接住上級交來的責任，不能將責任反推給上級，所以只能嚴格要求下屬。

那有人反問：我這麼倒楣，高層就不能當一次壞人嗎？其實，團隊中一定有人當壞人，不是中層，就是高層，但高層的角色就是當好人。當然，高層也可以選擇當壞人。但是，這種當壞人必須是高層自願的。如果自己的某個下屬被上司罵了，說明你的上司就非自願地當了壞人。你就要小心，爲什麼自己的下屬就能逼使上司當壞人呢？記住：上司是迫不得已當壞人的。當他當了壞人後，心中一定有些不滿：怎麼請了這麼個不中用的中層？

還有一種情況，是中層替基層（部屬）背責任的，也是當壞人。如：上司批評一件事做得不好，你明知是你的某個部屬的責任，你並沒有說「都是誰誰誰，怎麼樣怎麼樣」，你仍然說：「這是我的錯，馬上改。」

一、用「白臉」完成任務

爲了便於分析，這裡把四人取經的小組比作一個小團隊，專案經理唐僧列爲四人團隊的中層領導者。

作爲企業的中層領導者，唐僧和下屬的衝突有很多，但是他每次都勇敢地演好自己的角色，贏得了團隊的和諧穩定。

在取經的路上，攔路劫財的強盜引發了唐僧和孫悟空間的第一次衝突。

這六個賊人攔路搶劫，其實就是各種雜念對孫悟空的嚴峻考驗。你想，前路如此漫長，氣候也到了冬天，沒有漂亮的衣服，沒有可口的食物，沒有賞心悅目的娛樂生活，長征的艱苦是可想而知的。在這種情況下，各種雜念湧上心頭，也是很自然的。在我們艱難創業的日子裡，許多人就是這樣放棄了他們的前程，成了這六個賊人的俘虜。

所以，若想克服取經路上的種種困難，首先就應該消滅這六個賊人，讓自己專心致志於腳下的路。

當六個賊人將孫悟空圍在中央，喜的喜，怒的怒，愛的愛，思的思，欲的欲，憂的憂，舞槍弄劍、擁上前來的時候，孫悟空的頭上立即被乒乒乒乒地砍了七八十下。嚇得那些賊人說：「好和尚！真是頭硬！」這表示孫悟空經受住了意志上的考驗。接著，孫悟空開始還手了。他掣出金箍棒，將六個賊人攆得四處奔散，然後一一打殺，毫不留情。

可是，唐僧大為生氣，說：「你縱有手段，讓他們知難而退就是了，為什麼非要趕盡殺絕呢？」孫悟空解釋說：「師父，我若不打死他們，他們就要打死你哩。」唐僧卻不領他的情，責怪他惡習難改，說：「想你當年大鬧天宮是任性胡來，如今還是任性胡來。這樣任性胡來是去不得西天，做不得和尚的。」

孫悟空的性子，是最受不得氣的。唐僧絮絮叨叨地說了他幾句，他按不住心頭火起，說：「既然你這樣說，我做不得和尚，上不得西天，也索性不在你眼前，惹你心煩，我回去就是了！」唐僧還不曾答話，孫悟空已經將身一縱，呼的一聲，去得無影無蹤。

這是唐僧和孫悟空發生的第一次衝突。許多人看《西遊記》，看到這裡看不懂。大家都認爲，孫悟空打殺六賊，幹得乾淨俐落，大快人心，唐僧爲什麼要責怪他呢？其實，唐僧和孫悟空的本意，都是爲了排除雜念的干擾，保持艱苦樸素的生活作風。但是，兩個人的行爲理念不一樣，解決問題的方法也不一樣。孫悟空之打殺六賊，猶如我們現在看見好看的、好吃的、好玩的，就一口氣砸個稀里嘩啦。這樣行嗎？顯然不行。所以，唐僧罵孫悟空任性胡來，把場面搞得一片狼藉。

由於孫悟空的加入，西天取經已經不再是唐僧的個人行爲，而是一個團隊的目標。而作爲一個團隊的管理者，唐僧就不能再容忍孫悟空的任性胡來了。

從唐僧、孫悟空還有觀音這三者的關係，我們可以看出，雖然唐僧在名義上是一個帶領團隊的專案經理，其實，他下面有孫悟空，上面有觀音，是個名副其實的「夾心餅乾」。不論哪一面處理不好，都會作用在他身上。這難免讓他有點招架不住。

但是，在團隊衝突的時候，唐僧還是做了壞人。儘管緊箍咒的主意是觀音出的，但是對孫悟空來說，他心裡的怨氣只是衝著唐僧的，而把高層——觀音當成是循循善誘的「導師」和可以傾訴衷腸的「摯友」。

孫悟空雖是在觀音的指點下被捉，並因「賭賽」翻筋斗敗於如來，而被壓在五行山下五百年，但最後解救孫悟空、引導他走向取經之路的仍然是觀音。正是觀音訪唐僧，路經五行山時，對孫悟空「嘆惜不已」。當孫悟空哀嘆「在此度日如年，更無一個相知的來看我一看」時，觀音說「特留殘步看你」。她爲孫悟空指出隨唐僧取經、「再修正果」之路，使孫悟空「見性明心歸佛教」。

不僅僅如此，對西天取經這個團隊來說，觀音一直是扮演「好人」的。觀音同情沙僧淒苦的遭遇，爲他免去酷刑，並引導沙僧重新獲得生活的希望和勇氣。豬八戒更是從懵懂中接受她耐心的開導而重新明確生活的目標。小白龍靠觀音爲他脫去死罪，變馬馱唐僧去取經，踏上了光輝的西天之路。

觀音不失爲一個引人走向新生活的導師。她慈悲爲懷，循循善誘。孫悟空一生不肯對人低頭行禮，對玉皇大帝也只唱個「喏」算打個招呼，只對兩個人行禮，一個是師父唐僧，一個是引導他走上事業之路的導師觀音。對觀音，他總是「端肅皈依參拜」，而且常常還要「整衣」、「斂衣」而入見，是十分恭敬的。

對下屬來說，觀音又是一位可以傾訴衷腸的摯友。沙僧在流沙河受酷刑，心中淒苦與委屈無處可說，見觀音到來，才向觀音說：「待我訴苦。」一切錯處，一切委屈都可向觀者傾訴，如對一知己。在取經途中，孫悟空不但在有困難時請觀音來幫助，有苦惱時，也是找到觀音這裡來，別處不好說的，在觀音面前可傾吐衷腸。

在取經途中，孫悟空打死了幾個不該死罪的強盜，被唐僧趕走以後，「惱惱悶悶」。想回花果山，「恐本洞小妖見笑」；想去天宮，「又恐天宮內不容久住」；想投海島，「又羞見那三島諸仙」；想奔龍宮，又不願「求告龍王」。走投無路時，只有珞珈山好投奔，只有觀音處好訴說。他一見觀音，就「止不住淚如湧泉，放聲大哭」。又是觀音叫人將其扶起，聽他傾訴，指出他打死人不對。但又對唐僧說：「你應該收留悟空。一路上魔障未消，必得他保護你，才得到靈山，見佛取經。」為孫悟空說了話，調解了師徒之間的矛盾。還為孫悟空作證，證明他沒有「打唐僧」、「搶包裹」之類的事，辨明那是假行者幹的，消除了唐僧對孫悟空的極大的誤解。這些都說明觀音是下屬的摯友，她使受委屈的心靈受到撫愛和安慰，她使複雜的糾紛矛盾迅速化解，促進了內部的統一，使西遊團隊同心同德對付妖魔。

只要坐上中層交椅，就要抱定決心做壞人。對團隊來說，這是角色的要求；對自己來說，是吃小虧、未來占大便宜的事，何樂而不為？

二、用「黑臉」經營員工

在平時管理員工的時候，中層則要扮「黑臉」，溫柔地與下屬接觸，建立良好的溝通關係。但並不意味著袒護與照顧，而是中層要站在下屬的角度設身處地地為他們考慮，從情感上收住下屬的心。

那麼如何來收住下屬的心呢？至少該做到以下幾點：

其一，經常與下屬溝通，瞭解他們的想法與情緒的變化。在員工情緒好的時候可以鼓勵他們多做一點，在他們情緒差的時候則要給予適當的放鬆空間。特別是在下屬犯錯的時候，作為中層管理者，首先得承擔起主要的責任，這樣會讓下屬覺得「比較安全」，而把主要的精力放在總結與反省上。這時，中層再面對面地與其溝通，既要批評但更要幫助，則會讓下屬覺得自己有個可依靠、可信賴的主管。

其二，很多人在應聘的時候被問及為何要離職時，都會回答說在原來的公司學不到什麼東西。所以，要留住下屬，很重要的一點，是要讓他感覺到在這裡有自己永遠學不完的東西。自己一直在學習，也一直在前進，但比起主管總還差一口氣，所以還應該繼續學習與前進。這也同時要求中層管理者自己要不斷學習，不斷努力，而且要努力在下屬的前面。如果主管的錦囊都被掏空了，那下屬大可取而代之或是去別處當主管了。

其三，肯定下屬的成長與進步，給下屬看到上升的空間。除了自己當老闆的人以外，所有的人都希望在職場上有上升的空間。如果自己的前途與職位已經被蓋棺論定了，那再努力也是徒勞。

其四，讓下屬覺得自己的努力是有回報的，而知道自己成績的不僅有主管，還有高層領導，這會讓下屬有一種驕傲感與榮譽感，會更好地激發下屬的工作激情。這就需要中層管理者起到上傳下達的橋樑作用，借用高層的威信來引導與激勵下屬了。

中層管理者，用「白臉」去完成你的任務，用「黑臉」去經營你的員工，才是良好的團隊配合。

三、聰明的中層會「變臉」

實踐證明，不會「變臉」的人絕對成不了好中層。實際工作中，一名中層管理者要經常與上級、下屬、同級別同事之間有頻繁的工作聯繫，其中主要會涉及五大角色的輪換扮演過程。

第一張臉：忠誠的「傳教士」

首先，對組織（企業）事業的認識和相關做法上，中層應該努力扮演好忠誠的「傳教士」角色。

一個組織（企業）存在及行爲的最高準則，就是其願景、價值觀，以及由此引申的人文理念和經營理念。作爲組織中的一員，無論是管理者，還是普通的勞動者，都必須要將組織的準則和綱領作爲自己日常的行爲準則；特別注意要重塑個人價值觀，使自己的價值觀同組織的整體價值觀大致趨同。因爲理論上講，這樣做最容易達到所謂的「雙贏」。中層管理者有責任和義務去理解，甚至創造，提升企業的價值觀，並把這一理念傳遞到所轄部門的每一個角落。就像西方忠實的「傳教士」一樣，把「聖音」傳到任何可能傳到的地方。

我們同時還必須深刻地認識到，組織願景、企業價值觀、經營理念，對組織的重要性是無可替代的。作爲一名中層管理者，在組織中的地位是「承上啓下」的，在扮演好「傳教士」的角色時建議採用以下方法：

中層管理者首先必須忠於組織，要明確自己對組織的事業負有重大責任和義務。

中層管理者必須能夠及時有效地將組織的願景、價值觀、經營理念，以最通俗、準確的方式方法傳授給自己的部下，以幫助他們重塑個人價值觀。

作爲一名中層管理者，應該嚴格要求自己，因爲能夠爲提升和完善組織整體的願景、價值觀、人文理念、經營理念等做出貢獻，那也將是自我實現的一種新境界。

第二張臉：嚴於律己的「勞工楷模」

中層管理者對自身行爲處事、自我約束管理及工作態度上，還要「苛求」自己做一個嚴於律己並且「會工作」的「勞工楷模」。他們應該學會在自我管理和自我約束上做到嚴於律己；在工作方法上做到大膽實踐、吐故納新。否則，就將與組織賦予我們的職責相背離，我們也終將被前進中的組織所拋棄。

管理大師彼得・德魯克在《有效的管理者》一書中指出：一個組織之所以聘用管理者，是期望他們能夠進行有效的工作。同時還表明：管理者對其服務的組織負有有效工作的重大責任。有效性不是一門「學科」，而是一種「自我約束」。恰恰就是這種管理實踐行爲中的「自我約束」，爲大家在管理實踐行爲過程中，在自我管理、自我約束方面給予了高度的概括和指導。

德魯克在這方面給我們的建議很值得借鑒：

學會如何利用自己的時間。找出可以集中起來的零散時間點，集中進行有效的工作。

注重貢獻（工作的結果），而不是工作過程本身。

充分發揮他人之所長。不要只是盯著別人的缺點。

重要的事情優先處理。大膽地拋棄不重要的事，或者授權下屬處理次要的事情，自己集中精力做好幾件大事。

善於做出有效的決策，找出問題的邊界條件，慎重分析。

另外，還有一個觀點非常值得推崇，即中層管理者必須做一個現實主義的管理者，必須懂得在「理性的堅持」和「感性的衝動」的矛盾中做出選擇，大膽地想，細心地做，不做完美主義者，不做理想主義者，堅持唯有實踐才能出真知。

第三張臉：受人尊敬的「教練」

對待下屬，要以能夠成爲人人尊敬的「教練」式的人物爲目標，從而行使管理職責。

每一個中層管理者背後都有一群人，他們共同組成組織中的一個子部門。這個子部門的所有工作內容，一般都會由中層管理者進行合理地分解，下派，而不可能都由管理者親自完成。這樣，管理者和下屬就形成了一個不可分割的整體作業單元。

僅就任務分配這一項事件來說——雖然一個管理者完全可以利用組織賦予他（她）的「制度權」，進行類似行政命令的任務派發，但是，這種任務的下發方式，已經逐漸不合時宜。許多管理者在管理實踐當中可能都已經歷過「命令式」的任務分配引發的苦果。那麼，正確的方法又是什麼呢？一位管理大師曾說，管理者應該把自己定位成一個受人尊敬的「教練」。對中層管理者來講，這是兩步，同時也是兩種境界：第一，成為「教練」；第二，成為受人尊敬的「教練」。其中，第一步對管理者來講是基本要求，第二步對管理者自身來說，是一種境界，是一種自我價值實現的標誌。要做好「教練」的角色，在與下屬一起工作的過程中，建議如下幾點做法：

對下屬的認知上，要不斷地重新認識下屬，充分理解廿一世紀「知識工作者」的特點。

與下屬的合作關係上，應該在上述認知的前提下互相尊重，平等相待，儘量避免越俎代庖，學會授權，提倡服務式管理。

對待下屬的成長方面，應該適時地給予員工成長的機會。在工作上，要體現「教」、「引」，以及相互切磋、共同提高的思想及方法；在人事安排上，要以員工的優點主導自己的評判意識，避免缺點主導評判的思想。

第四張臉：聰明的「諫臣」

工作中和上級相處，要使自己能夠成為一名聰明的「諫臣」。

一個中層管理者，許多工作，尤其是涉及組織的稀有資源、人事關係、制度文化、關乎全局的決策，及相關執行活動等，都需要得到上司的支持和幫助，方能順利進行。特別是，事情出現下述現象特徵時：

當一件事情，在你深思熟慮過後認爲是值得嘗試的，但上司卻不十分感興趣，或因爲其他重要工作而不能「傾心」的時候。

當一件事情，你與上司有不同的觀點，在你審慎研究後，認爲上司的觀點有缺陷和漏洞，而自己的觀點是比較完美的時候。

當一件事情，在沒有一個主流意見被證實是較好的，上司和自己有著不同的觀點，而又不能相互說服的時候。

當然，以上第三種情況比較特殊，而前兩種是比較常見的。

理解上司也是人，需要得到職位上的尊重。因此在遇到意見分歧時不能硬碰硬，不能不顧及上司的顏面，委婉的提議、中肯的建議、虛心式的補充將會在你和上司之間架起理解與信任的橋梁。

瞭解並熟悉領導者的個性及溝通傾向特點。一般而言，人的溝通傾向有兩大類：閱讀型、傾聽型。掌握上司的溝通傾向，將有助於自己工作的順利開展和良好建議的採納。

要把握時機。好的想法及建議不一定非要在工作時間裡提出，任何時間地點，如在聚會場所、電梯裡、用餐時等等。但要注意，在適當的時候將好的想法和建議形成文稿，請上司確認，這樣容易貫徹執行下去，不致半途而廢。

要執著且有耐心。要明白，我們是通過領導者獲取資源來展開工作，而不是跟誰賭氣。領導者的工作重心，不可能因某一個中層管理者的事情而轉移。因此，不要因爲一次「進諫」不成就因噎廢食，這樣不僅不利於工作的開展，而且也不利於自身的進步。

第五張臉：真誠合作的「戰友」

工作中，與不同部門的同級管理者們相處，要與之成爲真誠合作的「戰友」。

由於工作上的需要，幾乎每天都要同相關部門互相合作，以共同完成一項任務。合作過程中，不可避免地會遇到暫時難以協調的問題。在遇到問題時，雙方對如何解決問題所持的態度，成爲任務能否順利完成的關鍵。面對問題，正確的態度和做法應該是：以組織的整體利益爲重，而不是以各子部門的局部利益爲重。智者有云：矛盾和問題的產生，都是因爲矛盾雙方遇事過程中，均不能以更高一級的姿態和角度來看待問題。所以，中層管理者們在合作過程中遇到問題時，建議做到如下克制：

大局爲重，組織的整體利益高於一切，局部服從全局，「小家」服從「大家」。

以真誠合作的態度對待對方，此點至關重要。

在充分考慮集體利益的基礎上，從對方的角度考慮問題，然後再進一步決定。

總之，作爲組織中的一名中層管理者，在組織中找準角色，做好定位，擺正位置，不僅能夠促進組織整體績效的實現，而且對下屬員工的職業發展、管理者自身價値的實現等，都有著不可估量的現實意義。

唐僧：良好的心態才能帶好隊伍

作爲一個團隊領導者，能夠爲團隊設定前進目標，描繪未來美好生活，是必要素質。領導者如果不會制定目標，肯定是個糟糕的領導者。

唐僧從一開始就爲這個團隊設定了西天取經的目標，而且歷經磨難，從不動搖。一個企業，也應選擇這樣的人做領導。團隊的領導者本身就是企業文化的傳承者和傳播者，只有他自己堅定不移地信奉公司的文化，以身作則，才能更好地實現團隊的目標。

心態對了，做事才能更有效率和激情。作爲中層管理者，如果沒有良好的從業心態，肯定是沒有辦法管好隊伍帶好人的。

一、培養排除萬難的執著心態

很多人都認爲唐僧肉眼凡胎，膽小怕事，沒有高強的武藝，難以擔當取經大任。但唯有一條——他堅定取經信念從不動搖，受到了大家的一致讚許。如果沒有唐僧這個中層的「不達目的」絕不甘休的堅定心態，取經任務是絕不可能完成的。

在我們的企業中也是一樣，無論多麼好的目標，多麼完美的計畫，如果沒有排除萬難去達成的心態，最後也只能付諸東流。

對每一個要克服的障礙，都離不開意志力。面對著所執行的每一個艱難的決定，我們所依靠的是內心的力量。事實上，意志力並非是生來就有或者不可能改變的特性，它是一種能夠培養和發展的技能。

美國羅德艾蘭大學心理學教授詹姆斯・普羅斯把實現意志力分爲四步：

(1)抵制——不願意轉變；
(2)考慮——權衡轉變的得失；
(3)行動——培養意志力來實現轉變；
(4)堅持——用意志力來保持轉變。

磨煉意志也有最簡單的方法：早在一九一五年，心理學家博伊德•巴雷特曾經提出一套鍛煉意志的方法。其中包括從椅子上起身和坐下三十次，把一盒火柴全部倒出，然後一根一根地裝回盒子裡。他認爲，這些練習可以增強意志力，以便日後去面對更嚴重、更困難的挑戰。

巴雷特的具體建議似乎有些過時，但他的思路卻給人以啓發。例如，你可以事先安排星期天上午要幹的事情，並下決心不辦好就不吃午飯。實踐證明，每一次成功都將會使意志力進一步增強。如果你用頑強的意志克服了一種不良習慣，那麼就能獲取與另一次挑戰決鬥並且獲勝的信心。

每一次成功都能使自信心增加一分，給你在攀登懸崖的艱苦征途上提供一個堅實的「立足點」。或許面對的新任務更加艱難，但既然以前能成功，這一次以及今後也一定會勝利。

執著的心態和頑強的意志力，是人類最大的奇蹟，它可以堅強到比鋼鐵還堅硬，幫助你挑戰超越極限的偉大目標，忍受別人所不能忍受的困難，讓你在絕對劣勢下反敗爲勝。

二、培養自己的老闆心態

爲什麼如來能放心地將取經任務完全交給唐僧，甚至不需要加以督促？就是因爲取經團隊的中層管理人員唐僧以取經大業、弘揚佛法爲己任，與老闆如來的目標達成了高度的一致，所以如來可以放心地授權，高枕無憂地當個甩手掌櫃。如果你也能做到不需老闆監督就能認真達成目標，相信你也能得到唐僧的待遇。

以老闆的心態對待公司，你就會成爲一個值得信賴的人，一個老闆樂於雇用的人，一個可能成爲老闆得力助手的人。更重要的是，你能心安理得地沉穩入眠，因爲你清楚自己已全力以赴，已完成了自己所設定的目標。

什麼是老闆心態？

(1)把老闆的錢當成自己的錢，把老闆的事當成自己的事。

很多時候，我們總是把老闆的錢和老闆的事當成別人的錢和別人的事來對待，最終結果是：老闆把我們當成了外人。

如果我們轉換一下思維和行動方式，把老闆的錢當成自己的錢——凡事講節約；把老闆的事當成自己的事——凡事講效率，最終結果將是：老闆會把我們當成自己人。假如我們確實堅持這樣做了，老闆仍無動於衷，那麼再跳槽走人也不遲。

(2)「每桶四美元」——就是老闆心態

從前，在美國標準石油公司裡，有一位小職員叫阿基勃特。他在遠行住旅館時，總是在自己簽名的下方，寫上「每桶四美元的標準石油」字樣，在書信及收據上也不例外，簽了名，就一定寫上那幾個字。他因此被同事叫做「每桶四美元」，而他的真名倒沒有人叫了。

公司董事長洛克菲勒知道這件事後說：「竟有職員如此努力宣揚公司的聲譽，我要見見他。」於是邀請阿基勃特共進晚餐。

後來洛克菲勒卸任，阿基勃特成了第二任董事長。這是一件誰都可以做到的事，可是只有阿基勃特一人去做了，而且堅定不移，樂此不疲。嘲笑他的人中，肯定有不少人的才華、能力在他之上，可是最後，只有他成了董事長。

可以這麼講，有老闆心態的人最終不一定都會成爲老闆，但是，沒有老闆心態的人肯定最終成不了老闆。

(3)一枚硬幣所體現的老闆心態

有一次李嘉誠在回辦公室的路途當中，發現一枚金屬硬幣從眼前閃過，滾到了車子下面。李嘉誠下了車，要去揀那枚硬幣。在他彎腰要揀的過程中，一個門衛提前把那枚港幣揀了起來，並交給了李嘉誠。李嘉誠拿過硬幣，從口袋裡拿出一百元鈔票獎勵給這個門衛。人們感到很奇怪，別人只是幫他揀了一塊錢，他卻給了一百元，為什麼?李嘉誠說，這一塊港幣，如果不把它揀起來，它可能掉到水溝裡面，這個社會財富就會流失掉，所以我們不能讓人們已經創造出來的財富和價值流失掉。那個門衛不僅知道珍惜財富，還懂得幫助別人，應該獎勵。

想法不同，對一件事情的決定也是不一樣的。決定不一樣，又使得人們採取了不同的行動。行動不一樣，造成了不同的結果。這種「節省個人和社會財富」的心態就是老闆心態。這裡，我們就應該明白，爲什麼有的人成爲了成功的老闆，而有的人則成不了老闆，或者成爲了一個失敗的老闆。

(4)一碗豆漿所體現的老闆心態

王永慶，臺灣的「經營之神」。他最大的特點就是節儉，他的節儉程度對許多大手大腳的人來說簡直是噩夢一般。王永慶喝豆漿的故事更是廣為流傳。一般人喝豆漿：老闆，一碗豆漿，打個蛋。王永慶：老闆，一碗豆漿。然後先喝一口，再說「老闆，打個蛋」——他賺了一口。他曾經告訴工人說：「你們所戴的工作手套，如果一個掌心磨穿了，不妨翻過來，換戴在另一隻手上再用，這便是節約能源。」王家所用的肥皂，在剩一小片時，不會將之拋棄掉，而是把這塊小肥皂黏附在大塊的新肥皂上再使用。

(5)洗廁所洗出來的老闆心態

日本有一個動人的小故事：許多年之前，一個妙齡少女來到東京帝國酒店當服務員。這是她涉世之初的第一份工作，因此她很激動，暗下決心：一定要好好幹！可是意想不到的是，上司竟安排她洗廁所。這個女孩一向沒有幹過粗活，所以每次洗馬桶對她而言都是無比痛苦的事情。而上司的要求十分嚴格：必須把馬桶擦洗得光潔如新。她十分清楚自己不適應這一工作，「光潔如新」的要求實在難以達到，在她看來那是不可能的。於是她想換一份工作。

這時，一位前輩及時出現在她面前，幫她擺脫了困境，更重要的是幫她認清了人生之路的走法。

那個人沒有任何空洞的說教，只是親自做了個示範給她看。首先，他一遍又一遍地清洗著馬桶，直到抹得光潔如新；然後，他從馬桶裡盛了一杯水，一飲而盡，毫不勉強。他不用隻言片語就告訴了女孩一個極為簡單的道理，只有馬桶中的水達到可以「喝」的清潔程度，才算是「光潔如新」，而這點已經被實踐證明是完全可以辦得到的。同時，他送給她一個含蓄而富有深意的微笑，用鼓勵的目光看著她。這已經夠用了。於是，女孩子痛下決心，「就算一生洗廁所，也要做一名洗廁所最出色的人！」

從此，為了檢驗自己的自信心和工作品質，她也多次喝過馬桶裡的水。幾十年光陰轉瞬即逝，正像我們所希望的那樣，那個女孩成功了。

TIPS 像老闆那樣思考和行動

首先，做事講品質。做對的事情；嚴格按標準和程序工作，一點也不馬虎；第一次就把事情做對。

其次，做事講成本。做事之前要先進行成本分析——如何做更省錢？如何做才有利潤？如何才能用最少的投入獲得最大的產出？

第三，做事講效率。快速反應；雷厲風行；重視期限；拒絕拖延。

第四，做事講責任。成果導向；團隊合作；大局觀念；積極進取和創新；勇擔責任；實事求是。

像老闆一樣思考，像老闆一樣行動。當你具備了老闆的心態，你就會去考慮企業的成長，考慮企業的費用，你會感覺到企業的事情就是自己的事情。你知道什麼是自己應該去做的，什麼是自己不應該做的。反之，你就會得過且過，不負責任，認為自己永遠是打工者，企業的命運與自己無關。你不會得到老闆的認同，不會得到重用，「低級打工仔」將是你永遠的職業。

三、中層要想當好管理者，首先必須當好被管理者

在保護唐僧去西天取經的路上，孫悟空能七十二般變化、降妖除魔、衝鋒陷陣；豬八戒雖然貪吃貪睡，但打起仗來也能上天入海，助猴哥一臂之力；沙僧憨厚老實、任勞任怨，把大家的行李挑到西天；唐僧最舒服，不僅一路上有馬騎、有飯吃，而且妖魔擋道也不用其動一根指頭，自有徒兒們奮勇上陣。

人們發現，最沒有本事的就是唐僧。他做事不明真僞，總是慈悲爲懷，動不動還要給孫猴子念上幾句緊箍咒玩玩。但是，就是他，在孫悟空一賭氣回了花果山、豬八戒鬧小差跑回高老莊、沙僧也猶豫的情況下，他毅然一個人奮勇向前，不達目的誓不甘休。

這是因爲唐僧心裡清楚地知道，他去西天的目的是要取回真經普度眾生。他知道爲什麼要去西天，他知道他做的是什麼，他知道他要的是什麼；而他的三個徒弟，

他們並不知道爲什麼要去西天，他們只知道保護好唐僧就行，至於爲什麼要保護好唐僧，他們不用去考慮，他們知道的是怎樣做，並且把它做好。

所以，無論路程多麼艱險，無論多少妖魔擋道，無論多少鬼怪想吃其肉，唐僧都毫不畏懼，奮勇前進。最後，唐僧不僅取回了真經，而且還使曾經被稱爲「妖精」的三個徒弟，最終功德圓滿而成佛。

中層不僅要上傳下達，還要左右溝通協調，要面面俱到，肯定得備受煎熬。有個成語叫「任勞任怨」，「任勞」一般都沒得說，這年頭，除了生在有權有錢的富有人家，都得多勞一點，這個問題都不大；「任怨」則不然，你得有心理承受能力，這在現在可是稀缺的東西。

想當好管理者，首先要當好被管理者。這個理念來自有「商界西點軍校」之稱的哈佛商學院。西點軍校以培訓軍官而舉世聞名，在那裡，每個學員首先要學會的是如何服從。學員上的第一堂課，就是學會把自己的個性全部抹除：所有人的名字都統一換成編號，頭髮剪成同一髮型，衣服全部換成校服。這樣做的目的是讓每個人都去掉自我，更好地融入團隊。其次，每個人都必須學會承擔責任和服從。不管上級問什麼問題，都只能從三個答案中選擇：「是」、「不是」和「沒有任何藉口」。

在微軟公司，曾發生過這樣一件事情：

微軟公司的副總裁鮑伯辭掉了手下一位名叫艾立克的總經理。因為艾立克雖然才華過人，但卻桀驁不馴、傲慢專橫。儘管鮑伯十分愛才，希望艾立克留在公司，但他不能容忍艾立克的這些毛病，因為這些毛病會帶壞自己辛辛苦苦打造出來的團隊。

當時，很多技術專家都來為艾立克求情，但是鮑伯很堅定地告訴他們：「艾立克聰明絕頂不假，但是他的缺點同樣嚴重，我永遠不會讓他在我的部門做經理。」

結果，比爾・蓋茲聽說這件事後，出於愛才之心，主動要求將艾立克留下，做自己的技術助理。這件事給一向傲慢自負的艾立克帶來了極大的觸動，也讓他開始意識到自己的缺點和不足。

七年後，憑著自己的努力，艾立克逐步晉升為微軟公司的資深副總裁，而且非常湊巧，他成了鮑伯的上司。

艾立克不是一個心胸狹窄的人，他並沒有對鮑伯懷恨在心，反而非常感激他。因為正是鮑伯把他從惡習中喚醒，讓他有了今天的成就和地位。艾立克不僅沒有報復鮑伯，反而在管理方面虛心向鮑伯請教。這時的艾立克已經懂得了怎樣做一個好的管理者。

同時，鮑伯也表現得非常優秀。當艾立克成為他的上司後，他並沒有流露出任何不服氣的想法，而是非常積極地配合艾立克的工作，兩人相處得非常融洽，一直為公司的發展而共同努力和前進。

有時候，我們不妨把自己當成一個被管理者，站在這個角度，來問自己以下七個問題。

一問：觀念變沒變？

社會在變，市場在變，經濟環境在變，你的思想觀念變沒變？大的經濟環境變化了，企業不變會被市場淘汰，企業變了，管理者個人不變，就會被企業淘汰。

二問：制度建設到不到位？

完善的制度體系必須包含三個問題：一是崗位職責，讓員工知道幹什麼？二是工作流程，讓員工知道怎麼幹？三是考核辦法，檢驗幹得怎麼樣？工作中出現問題大部分與這三個制度體系不完善有關。你的部門是否完善了？

三問：管理實不實？

管理就是管人理事；「管」就是指揮、控制、監督；「理」就是計畫、組織、協調；管理的真諦就是先理後管。檢查一下：在具體工作中，是先「管」後「理」還是先「理」後「管」？是「管」多還是「理」多？

四問：是以客戶為導向還是以產品為導向？

宣導「以服務爲中心」的經營理念，其核心就是以客戶爲導向。因爲擁有客戶就意味著擁有了在市場中繼續生存的理由；擁有並想辦法保留住客戶，是企業獲得可持續發展的源泉。

真正實現以客戶爲導向必須具備以下特點：

關注的重點由產品轉向客戶；

由注重內部業務的管理轉向到外部業務——客戶關係的管理；

將客戶價值作爲績效評價的標準；

全員樹立以客戶爲導向的思想並表現在具體行動上；

從客戶最希望做的事做起，從客戶最不滿意的事做起。

你的部門做到了嗎？

五問：團隊戰鬥力強不強？

你的團隊是一個有戰鬥力的團隊嗎？請回答下面提出的問題：

你們團隊成員之間相互信任嗎？

你們團隊人人願意貢獻嗎？

你們團隊成員能夠各司其職嗎？

你們團隊目標明確嗎？

你們團隊內部溝通氣氛融洽嗎？

你們團隊帶頭人瞭解隊員的情況嗎？

如果你的答案中有些是否定的，你可能需要重新評估你們的團隊組織。

六問：員工活力足不足？

你尊重員工了嗎？

管理學學者維爾森強調管理時說：「企業確實需要規矩，但規矩的第一條規矩就是尊重個人，如果把這一條規矩做好了，一切也就好辦了。」

你讚美你的員工了嗎？尊重與讚美是激發員工活力的有效辦法。美國著名女企業家玫琳凱曾說過：「世界上有兩件東西比金錢和性更爲人們所需，那就是認可與讚美。」一個最被人看不起的清潔工就是因爲上司的經常讚美，而在公司保險櫃被盜時與小偷進行了殊死搏鬥，保住了公司的財產。

七問：企業文化落沒落地？

「企業文化落地」就是指我們多年宣導的企業文化理念真正變爲員工的自覺行爲。「企業文化落地」需要管理人員以身作則的示範作用，需要堅持不懈通過有效的溝通管道長期灌輸，需要體現在我們的制度裡。你的部門做得怎麼樣？

◆延伸閱讀◆

《西遊記》中最有親和力的觀音

觀音的第一次亮相是應邀出席天宮主辦的蟠桃大會，誰曾想趕上齊天大聖把神界這麼重要的社交活動給攪了局。觀音在各位社會賢達的推舉下來問玉帝：「蟠桃大會怎麼了？」玉帝以至高無上的王者威儀首先給孫悟空定性是隻「妖猴」，然後將這「妖猴」的罪惡行徑，向這位來自於另一個系統的知名人士極富導向性地進行了簡要的敘述，表白了自己是如何「善待」這個既沒有背景又沒有教養的傢伙，對他施教育賢，還賞給他官當，一次次給他機會，可這小子卻一次次不識抬舉，不知好歹。

「妖猴根本就沒有參加蟠桃大會的資格，卻因為這惹是生非，大鬧天宮，招朕心煩，朕非好好收拾收拾這個臭小子不可！」玉帝非常生氣。

觀音菩薩靜靜地聽，隨即派徒弟木叉去仔細調查，看看這猴頭到底有什麼能耐。不久木叉帶回了消息，看來這猴頭真還有兩下子。根據後文的交代，我們知道憑觀音菩薩的法力，如果這時親自出手擒拿孫悟空，應該是不費吹灰之力的。然而觀音菩薩卻並沒有這麼做。畢竟，玉皇大帝沒有直接求她，也不可能直接求她辦這事。作為天宮的一把手，玉皇大帝是何等的身分，就是請人幫忙也起碼要講究個級別對等不是？

玉皇大帝接到李天王請求增援的報告後，假裝鎮靜地笑了笑，說道：「對付這麼個猴子，十萬天兵都收拾不了，誰來幫幫朕？」這時候，沉思良久的觀音菩薩終於開口了，出乎所有人的預料，她推舉了蝸居於灌江口的楊戩——那位因為劈山救母，讓身為玉皇大帝的舅舅心煩的小聖二郎神真君。

這樣做可謂一舉多得：其一，以二郎神的能力足可以敵得過搗亂的孫猴子，解了天宮的燃眉之急；其二，可以協調玉皇大帝與外甥之間的微妙關係；其三，可以給二郎神提供一個重出江湖、立功傳名的好機會，成全這位小聖；其四，也給足了玉皇大帝作為天宮一把手的面子。由二郎神來完成這個任務，從各方面來講，對締造一個和諧的天宮都是一件很好的事情。站在別人的角度替別人著想，理解他人，成全他人，觀音可謂是用心良苦！菩薩顯示出了慈悲的力量！

推舉了二郎神之後，觀音並沒有離開，而是好人做到底，利用一切機會在成全別人。她特意邀請玉帝和王母娘娘、太上老君一同觀戰，並對太上老君言道：「本座推薦的二郎神怎麼樣？果然有神通吧！」怎奈何此時二郎神並沒有領會菩薩的苦心，錯過了這個好機會。生命中的很多事，錯過了一時，也就錯過了一世。二郎真君最終還是回到了灌江口去管他雞毛蒜皮的雜事。

觀音菩薩沒能如願以償地成全這位「楊小聖」，多少有些遺憾。或許對這件事，還是如來佛祖說得有道理：「觀音菩薩還不能廣會周天之類，對太上老君和玉皇大帝這類神仙的本性理解得還不夠深刻。」好在這僅僅是個序曲，機緣巧合，觀音以她的大慈大悲最終成就了孫大聖和他所在的取經隊伍。

觀音奉旨東行去尋找取經人，途經流沙河，遇到了正在呻吟著的老沙——那個僅僅為了一點小小的過失而每個星期都被飛劍穿胸肋百餘次，充滿了痛苦和煩惱的來自天宮的侍者；那個把九個在連鵝毛都漂不起來的流沙河中浮著的取經人的骷髏終日掛在胸前當作沉重負擔的苦命人。

「與其說別人讓你痛苦，不如說你自己修養不夠。跟著唐三藏去取經吧，這樣可以解除你的苦！」觀音給痛苦中的老沙找到了出路。

雲霧裡，觀音遇到了碌碌終日的豬八戒——那個以吃飯睡覺為最大快樂的豬八戒。這傢伙竟然舉起釘耙照觀音菩薩就打。觀音寬恕了這隻黑豬的粗魯，並且和他談到了前程。

在豬八戒眼裡，有飯吃就是快樂，就是最大的前程。「前程！前程！若是依了你，教我喝風呀！」「好好吃飯，好好睡覺就是修行呀。跟著唐僧去取經吧，自然有養身的地方，何必天天吃人呢？」既可以有飯吃也可以有前程，何樂而不為？觀音菩薩讓豬八戒擁有了真正的快樂。

跨過茫茫苦海，猛然間，觀音聽到了一句「菩薩救我！」那是懸吊在半空中痛苦掙扎的小白龍。「人之所以痛苦，是因為他追求本不屬於自己的東西。」同情和惻隱之心驅使觀音親自去向玉皇大帝求了情。這在觀音可能僅僅只是舉手之勞，而對小白龍卻是一次再生。觀音不但救了小白龍一命，還使他走上了取經的正路，走上了成為「八部天龍」的路。幫助別人開拓福氣，正是觀音做的。

轉眼間臨近長安，觀音來到了五行大山。和邂逅剛才那幾位不同的是，這次觀音是特意來看猴頭這位「老相識」的。望著因為逞能恃傲而被死死壓在大山底下的孫悟空，觀音嘆惜不已。

昔日的齊天大聖，此時正度日如年。在這五百年裡，當年結交的那幫所謂的朋友——無論神仙還是妖精，竟然沒有一個來看自己一眼，所謂相知又在哪裡？此時，壓在五行山下的這顆心只有孤獨和苦悶。

「姓孫的，你還認得我嗎？」觀音低眉，「不要以為自己很不幸，世上比你痛苦的人多著呢。佛說人有一百零八劫，猴頭你才過了幾劫呀！」話裡包含著無限的惋惜、同情和理解。在《西遊記》裡，只有觀音理解悟空——能理解別人，就是大慈大悲。

有幾分滑稽的是，這份理解還要感謝當初玉皇大帝對孫悟空的褒貶。從玉皇大帝評價的話裡，觀音聽出了猴頭的懷才不遇，聽出了他的抱負難伸。儘管孫悟空有點兒狂妄，有點兒能耐就想表現表現，但狂妄的人有救，而自卑的人沒有救。畢竟在這個世界上，能幹事而又肯幹點事的人才不多見了。在觀音菩薩看來，只要加以正確地引導和適當地約束，給這猴頭施展才能的機會，他還是能夠「舒伸再顯功」的。畢竟，行走於江湖，還得靠點真功夫才成。當然，孫悟空還需要在逆境中修行十萬八千里。在順境中修行，怕是永遠也不能成佛的。

長安城裡，觀音見到了那位在講臺上講經頌法的三藏法師——一個滿腹神聖的文字、滿嘴神聖的話語，卻還不知道真經是何物的三藏法師。

「你那些聽起來很學術的教法只能用來媚俗，其實不中用的。佛祖並不是要我們把他所說的教法當成文字經典，只用嘴巴來說，而是要我們把它當作路來走的。經是走出來的，不是讀出來的。真正度人脫離苦海的佛法在靈山之巔，要苦歷千山，詢經萬水才能得到，你願意去取嗎？」菩薩的點化驚醒了夢裡唐僧。「貧僧願意，捐軀努力，直至西天，不得真經，死也不回來。」儘管觀音菩薩指出了通往靈山的路，但取經卻要靠自己走。唐僧堅定的意志驗證了他正是那個十世修行的佛子。追求理想的人，會贏得他人的尊重。「那麼你就是那取經的人！」觀音成就了唐三藏。

就此，觀音成功地組建了一支渾然一體的取經團隊，而且同時實踐了大慈大悲：站在別人的角度替別人著想，拔除別人的痛苦和煩惱，給予別人快樂和福氣，理解別人的心，成就別人的果……這就是慈悲，就是觀音。可以這麼說，如果沒有對觀音菩薩的共同崇敬和愛戴，這支隊伍是到不了靈山，取不回真經的。凝聚取經團隊正是慈悲的力量。慈悲的力量無堅不摧。

不是嗎？唐僧幾次和孫悟空鬧分手，都是觀音菩薩親自出面協調才和好的。在六耳獼猴那一劫，觀音菩薩送孫悟空去見師父，明確地告訴唐僧說：「你今須收留悟空，一路上魔障未消，必得他保護你，才得到靈山，見佛取經。再休嗔怪。」更典型的是孫猴子被師父轟回花果山那回，豬八戒去請師哥回來，一開始豬八戒說看在師父的面上，而孫猴子對唐僧的「仁義」耿耿於懷，八戒小豬眼一轉，計上心來：「哥哥不看師父的面啊，請看海上菩薩之面，饒了我吧？」悟空立刻回心轉意。

然而，通往靈山的路充滿了太多的凶險，就連一向自信心十足的齊天大聖都產生了幾分畏懼。在鷹愁澗，孫悟空竟然拉住觀音菩薩不放：「我不去了！我不去了！西方路這樣崎嶇，保這個凡僧，什麼時候才能到？像這樣的多磨多難，俺老孫的性命也難保全，如何成得什麼功果！我不去了！我不去了！」猴頭畢竟有自知之明，雖然自己會駕筋斗雲，會七十二變，但卻沒有駕海的斤兩。西天路上僅有金箍棒是不夠的。

「你當年做不入流的妖怪時還知道努力呢，如今怎麼看到希望反倒懶惰了呢？感謝給你逆境的妖精吧，要看到磨難是對你修行的幫助。悟空，你能成的！

碰到十分難處，我會親自來幫你。」這既是開導、勉勵，同時也是承諾。摸一摸腦袋後面觀音菩薩所贈的三根救命的毫毛，悟空有了前進的勇氣。慈悲的力量無處不在。

取經隊伍踏上了西去的路。觀音並沒有就此袖手旁觀，而是扶上馬送一程，這裡既有考驗和教誨，也有原諒和寬容。

取經開始不久，觀音菩薩就頗費心思地給取經隊伍安排了兩次讓他們受益匪淺的實習——「四聖試禪心」，教育他們如何面對誘惑；而平頂山的金角、銀角兩位大王，讓悟空徹底明白了妖精是什麼。儘管相對於取經團隊以後的經歷，這兩次磨難只能算是小巫見大巫，但恰恰是這兩段經歷給了他們寶貴的經驗。仔細想想，後面的磨難多多少少都有這兩段的影子。

在悟空犯了錯誤的時候，觀音不是斥責，而是曉之以理；而一旦有了麻煩或危險，觀音又在第一時間親自出面。那次猴頭闖了大禍，毀壞了鎮元大仙的寶樹，觀音一邊告誡悟空這麼做的不是，一邊又嗔怪悟空怎麼不早來見自己。隨後菩薩趕緊親赴現場對大仙說：「唐僧是我的弟子，悟空衝撞了先生，當然由我擔著。」宛然就是孫悟空的主心骨，這對悟空是何等的愛護。第一次過通天河那回，觀音菩薩發現是自己身邊的金魚在給唐僧找麻煩，沒等悟空來求就做好了準備工作，來不及梳妝便縱上祥雲趕往通天河，收服了靈感大王。在獅駝洞，如果沒有觀音給的那「三根救命毫毛」，悟空怕真要在陰陽二氣瓶裡化為膿血了。而遇到像蠍子精那樣自己也解決不了的難題，觀音也盡自己所能給悟空指明方向，讓他去請昴日星官。

慈悲的力量是無窮的，可以輕輕地托起那一海之水。這樣救苦救難的菩薩怎能不受到別人的敬仰和愛戴呢？

除了理解和幫助，觀音菩薩的慈悲還充滿了寬恕和包容。而這包容卻又並不是無限度的縱容。正是為了約束孫悟空，觀音菩薩才傳了唐僧緊箍咒。這包容和約束又何止是對孫悟空？黑熊怪和紅孩兒當初不都對觀音菩薩刀兵相見，後來還不都頭帶著金箍來到了南海普陀珞珈山，找到了自己的位置。慈悲是最好的武器。觀音菩薩用愛心去解除他們的怨恨。怨不能解怨，只有愛能，這是永恆的真理。

觀音在《西遊記》裡的尊貴地位遠遠超越了靈霄殿上那位玉皇大帝和三十三天之上的太上老君，甚至連如來佛祖也顯得有些遜色。只要觀音菩薩一出現，不管是神仙妖精還是凡夫俗子，個個頂禮膜拜。然而，觀音菩薩卻沒有高居於寶座之上，而是讓人覺得既可敬又可親。身為取經隊伍的領導者，她處處以平等的心態對待下屬。縱然罵悟空是「潑猴」，也充滿著愛意。甚至還不時和這個「潑猴」開幾句玩笑：「悟空，我這瓶裡的甘露水，和那龍王的私雨不同。可要給你拿了去，你卻拿不動；要是讓善財龍女和你一起去，萬一你看我這龍女長得好看，淨瓶又是個寶貝，你要是騙了去，我哪有工夫找你去呀？你留點什麼做抵押吧。」

悟空笑答：「可憐！菩薩你還這麼多心。我自從做了和尚，一向不幹那樣事了。你教我拿什麼當抵押呀？我身上這件綿布直裰還是你老人家賜的。這條虎皮裙子，能值幾個銅錢？這根鐵棒，早晚是要護身的。只是頭上這個箍兒，是個金的，卻又被你弄了個方法兒長在我的頭上，取不下來。你要抵押，情願將這個箍當抵押吧。你念個『鬆箍兒咒』，將它除了。不然，我抵押什麼呀？」

這是觀音啟程降伏紅孩兒妖的時候與孫悟空的一段玩笑話。哪裡有一點主管的架子？這樣的對話在靈霄殿上怕是永遠也聽不到的吧！觀音的慈悲裡只有親切，而沒有絲毫的傲慢。在《西遊記》的最後，觀音菩薩甚至站在了「鬥戰勝佛」孫悟空的後面。觀音是尊貴的，能夠把自己放低，才是真正的尊貴。

[第五章]

西遊團隊的領導藝術

學習《西遊記》中的管理智慧，可以學團隊管理，學領導管理，學用人管理，學目標管理，學挫折管理，學制度管理，學和諧管理等……我們且不要去追究《西遊記》的思想內涵到底是什麼，因為每個人的視角不同，就這樣，問題就會有不同的見解。作為職場人士，我們應該從《西遊記》中每個人物身上得到一些有益的人生啟發。

如來的高層領導藝術

整部《西遊記》中，如來出場的鏡頭雖然很少，最多也只能算是友情客串，但正如所有大腕級明星一樣，偶爾幾次簡單的露面也能將其耀眼的形象深深地刻印在觀眾心上。如來是大腕級別的領導者，他在驚鴻一瞥間表現出來的領導藝術，值得好好學習和研究。

一、學習如來，抓好「關鍵點」和「難點」

如來有高明的領導手段，確實不假。如來只抓領導方向和關鍵點，從來不去做本不該屬於他做的事情。

「造化南贍部洲人民，減輕他們的罪孽」是如來的領導大方向。為了完成這樣的大方向，如來早就準備好了幾本經書放在那裡，等著人來取。經書相當於希望的象徵，具有成功的代表意義。

取經的幕後總經理——觀音，是如來十分信得過的人物。無論是觀音的德行和法力，還是觀音的為人處世和社會影響力，還是她心領神會的執行能力，都讓如來十分讚賞，這個總經理非她莫屬。

關於取經小組的核心人物，如來是茶壺裡煮餃子——早就心中有數。其中一個就是唐僧：一個有前途和造化、具備堅強意志、喜佛樂佛的僧人。明白點說，唐僧就是一個不折不扣地執行董事會命令的專案經理。有這樣的人做專案經理，誰還不支持他呢？

另一個核心人物自然是孫行者（悟空）。唐僧是忠誠型領導人，發揮的是統一思想和意志的作用，但實際事情需要得力的人來做，而且要頭腦好使、有一定突出才幹的人來做，這樣才可以戰勝一道道難關啊！孫行者充當這樣的人選是最適合不過了。早在如來把悟空壓在五行山下的時候，他就已經有此想法了。如來深知，悟空雖然被壓在五行山下悔過，但他的優點顯然大於缺點。如來相信：經過一番痛定思痛和深切反思，有所覺醒的悟空一定會在實踐中建功立業。

至於取經團隊的那三位：八戒、沙僧、白龍馬，是觀音菩薩可以自己決定的事情，不需要如來親自過問。他相信觀音。

如來的高明之處還在於他的預見能力。

有預見能力才可以提前預防，防微杜漸，不至於事到臨頭，一著不慎，滿盤皆輸。為了保證取經工作的順利進行，在物色人選的問題上，他十分謹慎。為了防止核心人力的風險，如來出於穩定和安全考慮，給了觀音五件寶貝。其中兩件是專門給唐僧量身定做的，一個是錦襴袈裟，可以讓他免墮輪迴；一個是九環錫杖，可以用來防身，免遭毒害（前者相當於現代企業裡的契約書和勞動合同，後者相當於是特別批准的專項職權）。沒有這些作為保證，是沒有辦法保證唐僧這個經理的地位的。試想，如果唐僧每天擔心有人告「陰狀」，無法排除內外的壓力，甚至連工資、職位和健勞保都沒有，他怎麼可以埋頭安心做事？

另外三件寶貝，是「金箍咒」、「緊箍咒」、「禁箍咒」，還配有咒語。其實這個比較像企業裡面的規章制度和守則，其中，「緊箍咒」就是專門針對孫悟空（行者）這種「自我」而不服管束的人的。沒有「緊箍咒」的孫悟空（行者）會是什麼樣？沒準他又和以前一樣，眼裡根本就沒有師父，還有可能讓師父唐僧做他的徒弟呢！如來也知道，一向喜好殺戮和爭強好勝的大聖自然不會隨便收起本性，這樣是與佛教的「慈悲為懷」嚴重相悖的，如此這般，豈不是亂套？如來知道這些，所以就把握了關鍵點，給了觀音這些寶貝。另外兩件寶貝，是如來給觀音菩薩約束她自己的手下的（一個給了紅孩兒，一個給了守山大神）。他要保證總經理的安全啊！

此後，取經路上的事情，如來基本上放手交給了觀音菩薩。不到問題解決不了的時候，如來是萬萬不會出手的。取經專案團隊組成後，如來一共出手兩次，一次是真假美猴王爭鬥，是在沒有人可以分辨、可以降伏假猴王時；另一次是收服如來的娘舅——大鵬的時候。「解鈴還須繫鈴人」，自家人的事情不自己解決，豈不是讓孫行者難看？

如來最後兩次的出現，一次是在取經勝利後的歡迎儀式上，一次是在年度表彰大會暨頒獎典禮上。每一次的出現，如來都相當有分寸，目的十分清晰，絕不多言，也不隨意插手，指責部下。他該出手時就出手，抓大放小，著實難得。但如果沒有觀音菩薩這樣一個盡心盡力和綜合能力極強的高級職業經理，恐怕事情的發展也不會那麼容易和順利。董事長是喜笑顏開或愁眉苦臉，一方面與自己選拔的人才有關，另一方面與是否敢於放手又不忘記抓管核心有關。

現代企業的高層領導要學習如來，抓準方向，抓好「關鍵點」和「難點」，利於工作大勢的根基穩定和健康發展。

具體來說，有以下幾點要求：

第一，**作風謙遜，品德高尚**。

高層領導者不同於一般的人，因此進行道德的修煉是他們的必修課。要做道德高尚的人，就要嚴格要求自己。對當代的民營企業家來說，做事低調、做人不張揚也是一種很好的品德。

如來絕對算得上是重量級的幹部，而且其領導能力和業務能力也都絕對屬於一流，卻能時刻謹記「謙虛使人進步」的真理。且看悟空大鬧天宮之時，天庭中那麼多官員都束手無策，正在情況萬分危急之時，如來該出手時就出手，一舉擒獲了悟空。

如來如此居功甚偉，按說單獨為他推出一場慶功宴，或者搞個新聞發佈會，隆重地贈他一個「降魔英雄」之類的封號，都不為過。但是，如來卻在緝捕悟空之後，當即就準備悄悄地回到西天。這時，玉帝邀請如來稍作停留，說是要開個宴會向他表示感謝。如來立即恭敬回答：「老僧承大天尊宣命來此，有何法力？還是天尊與眾神洪福。」

第二，**擁有優良的價值觀**。

人的價值觀往往會隨著時間、環境的變化而變化，企業家創業時的價值觀和企業已經發展壯大時的價值觀肯定是不一樣的。但是有一點，作爲企業家一定要認清楚——企業的核心理念和企業領導者個人的價值觀是一致的。如果一個領導者的個人價值觀非常差，僅爲個人謀取私利，那麼這個企業肯定不會有長遠的發展。

因此，一名優秀的領導者一定要有一個正確的價值觀。

(1)內外統一是價值觀落地的基礎

內外統一性可以分解為兩方面：一方面是面向員工的價值觀與面向顧客、股東的價值觀的統一；另一方面是企業價值觀與社會價值觀的統一。

首先，價值觀的落地體現了員工、顧客、股東價值觀的貫徹與統一。例如，聯想的「四為」中提出：為客戶，聯想將提供資訊技術、工具和服務，使人們的生活和工作更加簡便、高效、豐富多彩；為員工，創造發展空間，提升員工價值，提高工作、生活品質；為股東，回報股東長遠利益；為社會：服務社會文明進步。蒙牛也提出了：股東投資求回報，銀行注入圖利息，合作夥伴要賺錢，員工參與為收入，父老鄉親等稅收。

其次，價值觀的落地體現了企業價值觀與社會價值觀的統一。企業價值觀是以企業中各個個體價值觀為基礎，以企業家價值觀為主導的群體價值觀念。企業作為自主經營、自負盈虧的法人實體，是不能離開社會而獨立存在的，必然受到不斷發展的社會價值觀的影響；同時，企業中的每一個成員也是社會中的一分子，社會價值觀必然通過影響個人價值觀間接作用於企業價值觀。很多著名企業都把社會責任、社會關注的焦點納入企業價值觀之中。

(2)在延續中堅持，在變動中貫徹

價值觀體系作為企業文化的核心要素而存在，自身也是由相互聯繫、相互作用的諸多要素組成，是一個具有特定功能的整體。影響企業價值觀的因素很多，企業目標、組織形式、規章制度、行爲規範、成員與組織的關係，都是強有力的客觀影響因素。價值觀體系要素來源於企業歷史的、長期穩定的東西，這些如今仍在企業內部各種群體中起作用的東西，就形成了企業價值觀的內核。因此，價值觀的落地不能忽略了它的歷史延續性和影響力。價值觀是經過企業長時間地深層次整合而沉澱和積累下來的，它的形成需要較長的一段時間，一旦形成又會不斷地延續下去。隨著時間的推移，企業不斷向前發展，有些價值觀體系中的內容會隨之變化，被賦予新的內涵，但核心價值觀是不會輕易改變的。因此，企業價值觀的落地一定要注重其歷史延續性，對核心價值觀要繼承、堅持、發揚，對非核心價值觀應適時而變。

核心價值理念或企業文化的成熟和清晰從來都不可能是一條直線，它充滿了反覆、曲折和不確定性（甚至偶然性）。價值觀的落地也不是一朝一夕之功，價值觀的深刻影響及價值觀對企業發展的巨大作用也不是短時間內就能夠顯現的。企業文化中，人們的行爲和價值觀的融合統一往往發生在一段時間之後。如果把價值觀比作養生之道，它絕不是練上兩天就起作用的速效藥。它不是給企業做手術、去腫瘤，而是通過長期的、合理的堅持與遵守，慢慢排出毒素，達到增強企業實力、提高企業的免疫力和抵抗力的目的。因此，要使價值觀落地，發揮其應有的作用，不在於有如何引人注目、熱血沸騰的口號，而在於長期的貫徹與實踐，逐漸強化，使其成爲企業的堅實內核。

第三，**領導者個人要有很強的領導力。**

集中體現如來領導藝術的地方，在於他如何巧妙處理悟空與太上老君之間的矛盾。

太上老君縱容其「司機」青牛精到地方上去為非作歹，不但綁架了唐僧、八戒與沙僧，還對悟空犯下了「奪槍襲警」的罪行。僅憑這後一條，也能將他青牛精整出個滿門抄斬之罪。因為案情重大，悟空便越級上訪，將事情鬧到了玉帝面前。玉帝讓天宮各個部門自我檢查，看看本部門有沒有人私自溜到基層。這次整風運動，在天庭歷史上可以說是空前絕後的，但太上老君居然還是沒有查到是自己的「司機」出了問題。

如此一來，儘管悟空有火眼金睛看得出那青牛精的來歷，上級不親自出面認錯，他悟空也不好硬出頭指證。無可奈何之時，悟空只好求助於他們「佛教派領袖」如來。

對事情的來龍去脈，以及悟空內心的小算盤，如來自然是心知肚明。如來深知，那青牛精與太上老君絕不是一般的領導者與「司機」的關係，當年太上老君（那時他還沒有發跡，名字還叫老子）出函谷關時，那頭青牛就跟著他了，直到他在天庭一步步升遷到目前的職位，那青牛還一直忠心耿耿地伴隨在他左右。一邊是與自己級別相同的幹部，一邊是忠心追隨自己的部下，如來一個也不能得罪。且看如來如何處理這件棘手的事件：

如來首先告訴悟空：「那怪物我雖知之，但不可與你說。你這猴兒口敞，一傳道是我說化，他就不與你鬥，定要嚷上靈山，反遺禍於我也。」以如來職位之高，業務能力之強，他是根本不用擔心青牛精來鬧事的。他所擔心的，只是怕萬一悟空說漏了嘴，說是他如來告發太上老君星縱容「司機」犯罪，這立即會招致太上老君的記恨。與和自己級別相同的幹部發生衝突，無論如何不是一件好事。但是，一個擁戴自己的部下前來要求幫忙，又絕不能讓他空手而歸，這將會降低自己在黨派中的號召力。於是，如來使出「太極綿掌」這一招。如來明知「金丹砂」收伏不了青牛精，卻裝模作樣地派十八尊羅漢拿著「金丹砂」隨悟空降妖。

如來如果在自己的武器庫中拿出最厲害的武器，要擊敗青牛精實在是易如反掌，但如此一來，他就和太上老君結下了梁子。而如果不拿出武器來，自然也就失去了悟空的擁護。因此，當「金丹砂」果真打不過青牛精時，降龍、伏虎兩位羅漢這才跳出來告訴悟空：剛才出門時，我們兩個之所以落在後面，是因為如來偷偷告訴我們，這「金丹砂」對青牛精不管用，你還是上離恨天去找太上老君吧。

這種安排實在是太妙了：首先，如來巧妙地卸去了悟空加在他身上的責任，卻又為悟空指點出解決問題的途徑，仍可獲取悟空的感激。同時，又在不知不覺之間將皮球踢回到太上老君的腳下：如何處理青牛精你就看著辦吧。處理得輕了，落得個以權謀私的罵名；處理得重了，又借機打擊了太上老君的勢力。最後，即使萬一悟空不慎說出是他如來告發的太上老君，當兩方對質時，悟空又拿不出證據來——他如來畢竟沒有親口告訴悟空這件事。

「太極綿掌」這種領導藝術，非有幾萬萬年的功力，是無法輕易練就的。它將卸力、借力、「踢皮球」等眾多技巧融於一爐，實在是一門綜合藝術。

真正的領導者，無一不是「太極」高手，巧妙地化解矛盾、彌補裂痕，把團隊凝聚得如同一個家庭，進而攻無不克，戰無不勝。

第四，**領導者個人要有很強的魄力**。

所謂魄力，是說敢於揭露企業管理當中存在的問題。說得再直白些，就是不怕揭傷疤，不怕揭醜，敢於直面企業殘酷的現實。有許多的領導者只願聽喜，不願聽憂，如此一來，企業中存在的問題永遠也不會得到解決，長久下來，就成爲了企業的致命傷，危害將是非常重大的。所以，領導者要有魄力，要敢於接受現實。只有直面企業的痛處，才可能早日找到解決問題的辦法，企業才可能有更長久的發展。

第五，**領導者要有很強的執行力**。

有很多人認爲，高層領導制定戰略，然後由中下層管理幹部執行戰略，其實這種觀點是不正確的。高層領導者不僅要制定戰略，而且還應該在執行戰略的關鍵點上親力親爲。

這就像一場激烈的比賽一樣。足球比賽中，教練一定要站在足球場的邊上觀察，才能知道雙方的戰況，然後做出及時的指揮和調整。在做出換人的決定時，教練可以提前告訴將要上場的球員，在他上場後應該怎樣去踢。乒乓球賽、排球賽中都有一個賽點，如果這個賽點能夠拿下，那麼整場比賽就可以獲得勝利。作爲教練，往往會在賽點這一刻請求暫停，並在這短短的暫停時間中穩定運動員的情緒，告之最有效的戰術。這就是戰略的關鍵點。因此，要求企業的領導者要具備很強的組織、計畫、領導、控制、激勵等變革能力。

第六，**要培養企業自己的職業經理人**。

「通用」的傑克・韋爾奇，自從擔任通用的執行總裁以來，就一直在自己的企業中尋找和培養接班人，最後，在他退休時，很快地就有合適的接班人可以勝任總裁的職位，使企業很快走上了正軌。「空降兵」往往是不成功的，尤其是民營企業。在民營企業內部通常會存在一些「元老」，他們不服氣「空降兵」的到來，在工作上不予配合。「光桿司令」怎麼可能把公司治理好呢？所以，企業要注重培養自己的職業經理人，這樣會減少很多不必要的麻煩。

傑克・韋爾奇的接班人計畫：美國通用公司的前任總裁傑克・韋爾奇，在他二十五歲碩士畢業後，就進入了通用公司工作。在這裡工作了二十年後，坐上了執行總裁的位置，之後在這個位置上工作了二十年。在擔任總裁的這二十年裡，他從一開始就在公司內部選拔了三十個人進行培養；經過幾年的考核，他從這三十個人中選拔了九個人繼續進行培養；再經過幾年的考核，他又從這九個人中選拔了三個人進行培養；最後，在傑克・韋爾奇準備退休時，他將這三個人推選到董事會。因為這三個人都具備做接班人的資格，所以，經過董事會的商議，在對這三個人進行了各式的考核後，他們從中選出了一個最適合的人選——通用電器的新CEO傑夫・伊梅爾特。由於伊梅爾特本身非常熟悉通用公司內部的管理體系和公司的各項業務，所以，他很快就將通用公司帶上了正軌。

二、高層管理PK——如來完勝玉皇大帝

《西遊記》雖是神魔小說，卻涉及儒、釋、道（可通稱為人、佛、仙）「三界」（妖怪其實是異化了的人、佛、仙）。在書中，人的最高代表是東土大唐皇帝李世民，佛的最高代表是西天大雷音寺的如來佛，而仙的最高代表自然就是玉皇大帝了。

要說西遊團隊最大的勝利者是誰，那肯定非如來莫屬。下面我們就來分析一下如來和玉皇大帝這兩個最高領導者的管理方法。

(1)合理的晉升空間留住人才

從玉皇大帝管理的天庭團隊來看，並無明確的等級劃分，也沒有明確的晉升通道。但是如來管理的佛教團隊就不一樣了，下面有明確的級別劃分：佛、菩薩、羅漢、六道輪迴中的眾生。

後來在《西遊記》中，我們看到，玉皇大帝能用的人屈指可數，二郎神、哪吒、托塔天王和太白金星而已。當孫悟空去鬧天宮的時候，沒有神仙擋得住；但是去取經的路上，很多小妖怪都把孫悟空難住了。由此可見天庭團隊的整體水準了。如來的團隊就不一樣了，眾生雖爲底層，但他講究眾生平等。有了羅漢、菩薩、佛的級別之後，下面的每一層級都會有奮鬥目標，也明白如果自己做了羅漢，做得好就能升級爲菩薩，這樣大家才會不斷去進步。《西遊記》裡悟空師徒遇到困難之後，並沒有都去找如來，而是去找不同的羅漢、菩薩、佛，就解決了問題。

(2)設置合理的團隊目標

孫悟空先被玉皇大帝錄用，爲什麼後來又投靠了如來？先看一下孫悟空在玉皇大帝那的打工經驗。剛去天庭應聘的職位是「弼馬溫」，就是個養馬的官，後來因爲一個神仙要利用職權去挑他的馬，孫悟空正直的性格與其產生摩擦，後被調到蟠桃園去管蟠桃。從兩次工作來看，孫悟空對工作認真、責任心強是無可厚非的。但是怎麼後來這麼好的一個員工會去鬧自己老闆的寶殿呢？因爲玉皇大帝不會用人、不用目標管理。

第一，孫悟空的強項並沒有被善加利用。孫悟空的法術是相當了得的，而且其性格剛正不阿又具有鋤強扶弱的精神，如果當時玉皇大帝給他封個「斬妖除魔」之類的官職，他肯定會樂此不疲的。

第二，玉皇大帝沒有掌握好孫悟空要的是什麼。孫悟空本來就是占山爲王的「山大王」，所以他不缺工作，也不缺錢，他缺的是地位。最後打到天庭的直接原因也是因爲別人對他地位的嘲笑。而這點就是玉皇大帝最失誤的地方。

這些後來如來都給了他。取得真經之後，孫悟空被封爲「鬥戰勝佛」，既切合了孫悟空的性格，又給了他合理的地位。如果取得真經之後，如來只說一句「大家一路辛苦了」，誰能保證，孫悟空不把如來的寶座也砸了呢？所以在團隊目標的設置和管理上，如來比玉皇大帝又勝出許多的。

⑶設置堅定的奮鬥方向

下面的員工只是基礎的執行者，如果上層的聲音不一致，員工就會出現自然「站隊」的情況，也就是老闆常講的，接到一個任務之後先問「這句話誰說的？」這個問題要提一下《寶蓮燈》，在對待神仙下凡與凡人結婚的問題上，玉皇大帝和王母娘娘持不同的觀點，而且他們在天庭會議上的各執一詞，導致了二郎神站在王母娘娘的隊伍裡，哪吒站在玉皇大帝的隊伍裡。後期在天庭執行很多工和命令的時候，這兩個人就互爲障礙了，結果就導致很多工作無法及時完成。

而在《西遊記》中，這個取經團隊可以說一人一個性格，每個人都有不同的經歷和背景，有不同的優點和缺點。他們途中經歷那麼多的磨難，但是最後爲什麼能成功？因爲從一開始他們每個人的目標都是一致的，就是去西天求得真經。在途中，無論遇到如來手下的哪個菩薩，給他們傳遞的資訊都是堅定不移地去取經。

(4)留住人才是企業高管必須做到的事

玉皇大帝管理的混亂，直接造成了手下人才的巨大損失，孫悟空、豬八戒、沙悟淨、小白龍……這些原本屬於天庭的員工一個個改換門庭轉投如來。如果放在任何一個企業裡，損失這麼一大批人才，估計都會元氣大傷。

造成人才流失的主要原因除了個人價值得不到相應尊重和回報之外，另外一個主要原因就是沒有歸屬感。「人才是微軟最大的財富」，正是因爲比爾・蓋茲擁有這樣的人才價值觀，這位微軟董事長的個人財富才得到了巨額增長。

我們必須要明確的是：人才創造最大化價值，人才是公司第一核心競爭力。

作為領導者，如來十分關心並保護部下。當唐僧一行歷經「九九八十一難」到達西天時，阿儺、伽葉二位因索賄不成，竟然給了唐僧一行一些無字經書。這件事，自然逃不過如來的法眼。當悟空向如來狀告阿儺、伽葉時，如來不僅沒有批評處理他們二人，反而替他們尋找理由：

「經不可輕傳，亦不可以空取。向時眾比丘聖僧下山，曾將此經在舍衛國趙長者家與他誦了一遍，保他家生者安全，亡者超脫，只討得他三斗三升米粒黃金回來。我還說他們忒賣賤了，教後代兒孫沒錢使用。你如今空手來取，是以傳了白本。白本者，乃無字真經，倒也是好的。因你那東土眾生，愚迷不悟，只可以此傳耳。」

這裡，我們可以看到，如來一番話中傳達了豐富的領導藝術的訊息：

首先，要關心下部下的福利，要讓部下明白，跟著自己幹，一定會有錢使，即有發財的機會。

其次，儘量將部下的問題大事化小。做法就是，你說他這樣做是有罪的，那麼，比這種做法厲害十倍百倍的，我們以前也做過，並沒有人說三道四啊。

第三，想方設法把責任推到對方身上。無字經書是不好，但原因在於你們「愚迷不悟」，只能傳傳這種經，怎麼能怪我的部下呢？

培養一個得力的部下並不是一件容易的事，一旦培養出來，就得全力予以保護。

太白金星的公關能力

現代企業中，有一個越來越重要的職位，那就是公關經理。公司是盈利性的機構，本身就要解決各種經營難題，碰到挑戰和危機是在所難免的。這就需要公關經理第一時間站出來，溝通相關人士，迎難而上。不僅公司，就算是政府機關和非營利組織，也缺不了公關人員。

現代社會，任何一個機構，都必須要有公關人才。而在《西遊記》中，天庭的「第一公關高手」就非太白金星莫屬。

一、變通為上——太白金星的危機公關

危機是這樣出現的，《西遊記》一開始，花果山上的「土匪」孫悟空，惡意欺負閻王、東海龍王及其三個兄弟，意欲壟斷花果山一帶的經濟等各種利益。對此，天庭眾神仙義憤填膺，群情激憤。

天庭作爲統領天地的最高機構，有其嚴格的等級劃分、規章制度和利益訴求。孫悟空完全不顧這些，給天庭造成一次不小的危機。於是，玉帝準備下旨討伐。

首次危機公關：對症下藥，化干戈為玉帛

我們都知道，當危機出現時，有兩種應對方式：要麼仇視對方，以對抗的方式來解決；要麼相互妥協，找到一個大家都能滿意的方案。

太白金星就屬於後者，他勇敢地站出來，似乎很不合時宜地建議：不可輕易採取暴力。

他認爲，第一，悟空是一個人才，雖不按規則辦事，但可以爲天庭所用，豐富天庭的人才幹部隊伍。第二，本著建設和諧社會的理念，把悟空這樣引入天庭，既是給他一個機會，也可借機管束和制約他，還可以爲天庭樹立一種來者不拒、人盡其才的用人風範。第三，如果悟空被招安後再犯錯，則就近懲處，既提高了效率，又賞罰有方，在天庭形成了一種德治與法治雙管齊下的良好社會環境。真可謂「一箭三雕」。

玉帝從善如流，同意了太白的建議。按照誰提議誰執行的原則，玉帝命令太白下界，前去招安。作爲一個公關高手，除了公關對方之外，也要能夠說服自己的上級，使自己得以施展才華，走出對外交涉行動的第一步。這種在內部的策略闡釋，以爭取代表權的積極性，有時候，其公關意義不亞於對外交涉。太白走出了這第一步。

在花果山見到悟空之後，太白高調宣稱，對悟空的招撫，都出自於玉帝，而非他自己的爭取。太白隱藏天庭的分歧，使悟空感到自己從一開始就獲得了高層的重視與尊重，極大地滿足了悟空的虛榮心和自尊心。更爲關鍵的是，從一開始建議天庭招安，到現在來到陌生的花果山，太白始終抱著一顆接納的心，從不排斥悟空各種不同於常人的觀念和行爲習慣。

對症下藥，容忍對方的行爲、觀念和習慣，是遊說和公關的第一要務。太白抓住了悟空的需求，並理解和包容悟空。於是，悟空答應太白前往天庭。

第一次危機過後，天庭和玉皇大帝本以爲萬事大吉了。可是，孫悟空來到天庭之後，只做了一個名爲「弼馬溫」的小官，這爲第二次危機爆發埋下了導火線。

果不其然，天庭所封官位與孫悟空的預期相差太大，於是「弼馬溫事件」爆發。悟空憤而掛冠，回到老家花果山，並打出「齊天大聖」的旗號，對天庭的地位再次發出挑戰，危機重現。

托塔李天王和他的第三個兒子哪吒主動請命，要下界剿滅孫悟空。玉帝准其奏，太白此時卻沒有反對。

這其中有兩個原因。第一，太白是一個言而有信的人。第一次力主招安之時，他就表示，悟空膽敢再鬧事，就定行懲戒。一個公關人員要有手段和計謀，但也並非不顧人格，隨意打包票，不能恣意改變，必須言必信、行必果。所以，當這一回托塔李天王前往討伐之時，太白本著當初對玉帝的承諾，便不再反對天庭的嚴懲之舉。第二，也是最重要的，太白在等待再次公關的時機。如果沒有原則，任憑孫悟空胡來，而沒有任何懲罰措施，那麼孫悟空就會在心理上更爲囂張，必須要使用武力先敲打一下。對內部同僚來說，只有讓他們在武力打擊上受到一些挫折，他們才會偏向於用談判解決問題，或者逼著他們認同公關談判的重要性。

說到底，此時的太白還是想繼續招安的策略，至少他覺得悟空的本意並非要反對天庭，招安依然是投入成本最小的方式。而事實上也的確如此，悟空這次擅離職守，下界自封爲「齊天大聖」，只因爲他發覺「弼馬溫」一職官位太小，感到被玉帝戲耍了，自尊心受到了極大的傷害，必須回到花果山發洩一番，對天庭不尊重自己表示極大的抗議，而絕非要與天庭決裂。

所以，即便這次太白沒有堅持招安，但對內對外，多種權衡之下，他認爲使用一點武力，雖然付出了較大成本和代價，但爲了等待下次招安悟空的機會，這些都是值得的。

此刻，爲了堅守自己對玉帝的諾言和等待再次招安的最佳時機，他必須忍著。爲了更好地解決危機，必須找準時機。而找準時機，必須要有強大的忍耐力和韌性。任何一個公關人員和管理人員，都只有在忍耐中才能找到公關的最佳時機。

事情真的就像太白所假設的那樣發生了，托塔李天王一行人討剿悟空失敗，回到天庭，面見玉帝。哪吒三太子借機轉述悟空之言，說什麼如果天庭不答應冊封悟空「齊天大聖」的稱號，悟空便要打上靈霄寶殿。玉帝憤怒不已，命令加派兵力，繼續下界討伐。

機會終於來了，正當此刻，太白再次獨自一人站出來，頂著玉帝的盛怒和滿朝文武同仇敵愾的殺氣，力主招安。玉帝怒氣稍息，想到李天王的慘敗，意識到繼續使用武力，成本會更大，也就原則上同意了太白的招安。

找準公關時機，除了要有韌性之外，還要有極大的勇氣。譬如太白，一方面，在內部主流意見都要繼續討伐悟空的大氛圍之下，也絕不隨波逐流，而是勇敢地站出來，力主招安；另一方面，再次去花果山，危險肯定比第一次還要大。悟空會把所有對天庭積累的怨恨，都發洩在太白身上。太白當然明白這一點，但他爲了天庭的最根本利益，還是「雖千萬人吾往矣」。

用一種更爲靈活、務實的手段來對付孫悟空，這是太白金星的一貫指導思想。即便第一次招安以孫悟空嫌「弼馬溫」官職太小，掛冠離去而告失敗，也不能改變太白這一大的戰術手段。

二次危機公關：透過現象看本質

太白第二次在朝堂上力主招安的理由很簡單：要務實一點，不要在乎悟空所提出的「齊天大聖」的名號，他說什麼就是什麼，反正也只是空有一個頭銜而已。的確如此，悟空要的不是實際的權和利，只是一個稱號而已。而這一點，似乎只有太白看得最清楚。透過現象看本質，出手就能擊中要害，也是公關必須掌握的技巧。

第二次下界招安的重任，無疑再次落到太白的頭上。不管從哪方面來說，沒有比他適合的人選了。就如同清末，列強與中國談判，總是點名讓李鴻章前往。他們兩人的唯一區別是，李鴻章代表著弱勢的一方，而太白代表著強勢的一方。其實，不管強勢還是弱勢，不管是公司還是國家，雙方都需要講究方法和策略，絕不能倚強凌弱，更不能破罐子破摔，同歸於盡。這種良性局面的出現，當然也少不得公關了，而太白便是這樣的公關人才。

每一次，玉帝和眾臣都力主圍剿，只是看到了名號和威嚴之類務虛的東西，而沒能看到實際的利害關係。其實悟空與天庭的首要矛盾，只是天庭對悟空個人能力和魅力的承認與否而已，並非孫悟空要對天庭取而代之。故而，最務實的做法，當然還是坐下來好好談，好好溝通，好好妥協，而不是動輒行兵事。正所謂炮彈一響，黃金萬兩。圍剿的成本委實太大。只要悟空承認一個天庭的底線，而不是分裂一個天庭為兩個天庭，或者搞什麼一個天庭、一個花果山兩者並列的舉動，那麼，作為中央政府的天庭，都可以在一個天庭的共識下，慢慢地談，甚至在某些利益上做適當的讓步。

可是，這種實質，也只有太白這個老道之人才洞若觀火，其他包括玉帝在內的諸神，皆過於情緒化和感情用事。可是，要實現一個目標，必須理性，在理性的基礎上以情動人，才可事半功倍。尤其是現代社會，公關能力的大小決定著個人、公司，甚至國家的命運。在危機出現時，一定要強化理性思維，杜絕頭腦發熱和情感衝動。以玉帝爲首的天庭諸人，是我們的前車之鑑，而太白則是我們的榜樣。

但是，榜樣也不是好當的。當太白第二次來到花果山，大受冷遇和譏諷，但太白依然不卑不亢，有理有據，寵辱不驚。因爲他還是堅信，孫悟空羞辱他只是問題的表面，而本質依然是孫悟空想要獲得天庭的重視。

好在第一次來招安時，太白給悟空留下了相當美好的初次印象，即便「弼馬溫」這一職位讓孫悟空很受傷害，但本著對太白的信任和好感，他還是跟著太白再次奉召，重返天庭。這就是公關的效果。如果換作是別人來，即便政策、待遇和利益分配等是一樣的，這第二次談判，也有很大可能談崩。只因太白基本上把悟空看透了，知道了他最根本的利益訴求，所以能夠在談判的過程中，讓悟空總是相當受用。

太白恐怕是悟空被壓在五行山下之前，天庭裡所有高級幹部中給他留下最爲美好回憶的一個。而且既是第一個，也是最後一個。雙方本來立場不同，但太白對悟空可以做到孔子所說的「和而不同」。因爲太白，悟空可能會愛屋及烏，對天庭多了一些好感。

有時候，一個人的行爲和選擇，除了主觀的動力之外，外界的觸動，也不可忽視。尤其是悟空這樣非常愛聽好話的人，他可以爲別人對自己的一點點好和認可（**即便只是表面的**）而兩肋插刀，赴湯蹈火。從這個角度來看，就更有意思了。悟空之所以後來依然相信天庭，跟隨唐僧西天取經，這或許還是與當年太白的公關有關。換言之，如果悟空當初在某個階段真有某種推翻天庭的念頭，但都被太白的公關手段扼殺在萌芽之際。

同樣的，一個公司要去公關，本身就意味著與對方有利益上的衝突。可是，當對方碰到的是太白這樣的公關經理，對方就會極大限度地考慮到太白這一方的利益，而不至於不歡而散，雙方都受損。

即便太白別有用心，那也是公關的本質所造成的。公關工作本身在很多情況下都是「言不由衷」，利益雖不同，但感情可以相通，甚至可以成爲朋友。於是當初的不真誠，在後來被雙方都認爲情有可原了。

而且對太白來說，孫悟空不僅是需要公關的對象，還是可以爲己所用的人才。從某種意義上說，太白對悟空的公關，也是一種人才引進的策略。從人力資源管理的角度來看，越是需要公關的對象和人員，其實往往也是自己所需要的人才。如果盡可能地考慮對方的利益和感受，尊重對方的行爲方式，那麼對方人員就成爲了你公司潛在的、可收入旗下的人才。

其實，每一個公司和個人，都希望在獲得對方尊重的同時，求得自身利益的最大化。即便是一個非常強勢的公司，也不能不尊重對方的利益，更不能只講利益而不進行情感的溝通。

而且，情感上的溝通，甚至言不由衷和別有用心，都只不過是妥協的手段罷了。太白對此遊刃有餘，極顯大家風範。

不僅公司公關如此，國際交往也是另一種形式的公關，而外交人員也是另一種形式的公關人員。太白金星如果作爲一名外交官，一定也會非常優秀。一個強勢的公司和一個強國，這樣一個「鴿派」的公關人才，都是不可或缺的。

二、善讀人心，巧舌如簧——太白金星高明的說話藝術

太白高明的說話藝術起到了極大的作用，不僅化解了悟空與玉帝的齟齬，並深得悟空的敬佩與尊重。

初次招安：巧言奏玉帝，謙和說猴王

悟空闖龍宮「打劫」龍王、鬧幽冥欺負閻王，驚動了天庭。玉帝震怒，下令圍剿

花果山，太白卻力勸玉帝招安悟空。

玉帝宣眾文武仙卿，問道：「哪路神將下界收伏？」太白俯伏啟奏道：「上聖三界中，凡有九竅者，皆可修仙。奈此猴乃天地育成之體，日月孕就之身，他也頂天履地，服露餐霞；今既修成仙道，有降龍伏虎之能，與人何以異哉？臣啟陛下，可念生化之慈恩，降一道招安聖旨，把他宣來上界，授他一個大小官職，與他籍名在籙，拘束此間；若受天命，後再升賞；若違天命，就此擒拿。一則不動眾勞師，二則收仙有道也。」玉帝聞言甚喜，道：「依卿所奏。」即著文曲星官修詔，著太白招安。

太白領了旨，出南天門外，按下祥雲，直至花果山水簾洞。對眾小猴道：「我乃天差天使，有聖旨在此，請你大王至上界，快快報知！」美猴王聽得大喜，叫：「快請進來！」猴王急整衣冠，門外迎接。太白徑入當中，面南立定道：「我是西方太白，奉玉帝招安聖旨，下界請大王上天，拜受仙籙。」悟空笑道：「多感老星降臨。」悟空遂跟太白同登天界。

正是太白金星獨特的談話魅力，使得招安策略兩全其美，契合了玉帝不願出兵爭鬥又想護短的矛盾心理，化解了玉帝左右爲難的尷尬。太白說悟空是天地孕育，既是「天」生，就應該招之爲天庭所用，這使招安變得師出有名、理所當然，給了玉帝一個臺階下，所以玉帝「聞言甚喜」，立即批准招安提議。

太白一到花果山，馬上進行話語與角色的轉換，放下天庭「欽差大臣」高高在上的架子，抓住悟空爭強好勝、喜歡別人奉承的心理，以平等謙恭的語氣屢稱「大王」，使悟空「聽得大喜」，並馬上答應跟著他去天庭接受招安。

太白準確拿捏玉帝和悟空的心理，以精妙的話語技巧和談話魅力化解了一場一觸即發的爭鬥。

二度招安：妙語獻奇策，誠意感大聖

悟空做了「弼馬溫」後，嫌官太小又返回花果山，托塔天王與哪吒三太子率天兵天將去征討，結果大敗而歸，玉帝意欲派兵遣將將其剿滅，卻又舉棋不定。

玉帝正與文武仙卿商量對策，太白奏道：「那妖猴只知出言，不知大小。欲加兵與他爭鬥，想一時不能收伏，反又勞師。不若萬歲大捨恩慈，還降招安旨意，就教他做個齊天大聖。只是加他個空銜，有官無祿便了。」玉帝道：「怎麼喚作『有官無祿』？」太白道：「名是齊天大聖，只不與他事管，不與他俸祿，且養在天壤之間，收他的邪心，使不生狂妄，庶乾坤安靖，海宇得清寧也。」玉帝聞言道：「依卿所奏。」隨即下了詔書，仍著太白領去。

太白來到花果山水簾洞，道：「那眾頭目來！累你去報你大聖知之。吾乃上帝遣來天使，有聖旨在此請他。」悟空教眾頭目大開旗鼓，擺隊迎接。悟空躬身施禮，高叫道：「老星請進，恕我失迎之罪。」太白趨步向前，面南立著道：「今告大聖，前者因大聖嫌惡官小，躲離御馬監，當有本監中大小官員奏了玉帝。玉帝傳旨道：『凡授官職，皆由卑而尊，為何嫌小？』即有李天王領哪吒下界取戰。不知大聖神通，故遭敗北，回天奏道：『大聖立一竿旗，要做「齊天大聖」。』眾武將還要支吾，是老漢力為大聖冒罪奏聞，免興師旅，請大王授籙。玉帝准奏，因此來請。」悟空笑道：「前番動勞，今又蒙愛，多謝，多謝！」懇留飲宴不肯，遂與太白縱著祥雲，再上靈霄殿。

悟空將玉帝派來征討的兵將打得落花流水，玉帝對悟空「是打是拉」無所適從，太白出了個折衷之策，就是不必勞師動眾下界征剿，索性封悟空一個「有官無祿」的空銜。在他的一番妙語說辭下，玉帝不但沒有怪罪他先前的招安建議不高明，反而派他二度去花果山招安悟空。太白來到花果山，仍舊謙恭和藹，自稱「老漢」，尊稱悟空爲「大聖」，盡顯誠意，贏得了桀驁不馴的悟空的好感，悟空再次率眾列隊迎接他。

太白細說糾紛緣由並安撫悟空，口口聲聲稱他爲「大聖」，滿足了悟空需要人承認其名頭的心理，二次調停成功，使得玉帝和悟空化干戈爲玉帛，這不得不歸功於太白金星超卓的談話魅力。

再度調停：趣話勸悟空，智計救天王

取經路上，唐僧被托塔天王的乾女兒劫走，悟空知道真相後，就到天庭狀告托塔天王教女無方。玉帝派太白隨悟空去找托塔天王對質，誰知托塔天王早忘了三百年前收乾女兒的事，以為是悟空誣告，命人捆住悟空，經過哪吒提醒才想起來。悟空死活不饒他，非要到玉帝面前討個說法。於是，托塔天王求太白說情。

太白上前道：「我有一句話兒，你可依我？」悟空道：「繩捆刀砍之事，我也通看你面，還有什麼話？你說，你說！說得好，就依你；說得不好，莫怪。」太白道：「一日官事十日打，你告了御狀，說妖精是天王的女兒，天王說不是，你兩個只管在御前折辯，反覆不已。我說天上一日，下界就是一年。這一年之間，那妖精把你師父陷在洞中，莫說成親，若有個喜，也生了一個小和尚兒，卻不誤了大事？」悟空低頭想了一會道：「是啊！我離八戒、沙僧，只說多時飯熟，少時茶滾就回，今已弄了這半會兒，卻不遲了。老官兒，既依你說，這旨意如何回繳？」太白道：「教李天王點兵，同你下去降妖，我去回旨。」悟空道：「你怎麼樣回？」太白道：「我只說原告脫逃，被告免提。」悟空笑道：「好啊！我倒看你面情罷了，你倒說我脫逃！教他點兵在南天門外等我，我即和你回旨繳狀去。」

太白抓住了悟空「時間緊迫」的軟肋，出語詼諧幽默，勸他說若是告御狀打官司則曠日持久，可是師父唐僧還在妖精洞中需要他搭救。「天上一日，下界就是一年」，到時「莫說成親，若有個喜，也生了一個小和尚兒」，不免耽誤了取經大事。太白亦莊亦諧、寥寥數語的「攻心戰」，就讓悟空回轉了心意，不但對托塔天王既往不咎，還反過來向太白求教該如何處理此事。太白妙語獻計，使得悟空大喜不已，即便背上「脫逃」的惡名也在所不惜。太白巧言誘導悟空撤訴，成功地做了回「和事佬」，而勸導語言高明之極，讓人不得不佩服他非同尋常的技巧和談話魅力。

太白巧言謙和、妙語獻策、趣話斡旋的談話魅力，解決了一個個難題，完美地演繹了一個公關高手的「舌上」精彩，值得我們學習和借鑒。

領導的藝術就是服務的藝術

《西遊記》告訴我們：領導的藝術就是服務的藝術。世界上再高明的領導藝術，離開了服務，也就成了無本之木，無水之魚。

一、如來、觀音對唐僧師徒的服務

如來，作爲最高級的領導人物，從來就不會擺什麼架子，耍什麼性子，也從來沒有那種不可一世、唯我獨尊的派頭。他十分耐心地樂意爲弟子和取經團隊成員服務。涉及疑難問題時，如來也是認真對待，積極協助。

西天的待遇和條件也都不錯。如來可以這麼想：「我憑什麼要選拔你唐僧、孫悟空參加取經團？我完全可以去『挖角』，把李靖、哪吒、二郎神這些人招來啊！」可是，如來沒有這麼做。他要服務這些被社會遺棄、被人們自己遺棄的人。爲了讓唐僧重新做人，做出一番事業，如來又是讓他投胎轉世，又是讓他修煉佛學。對待唐僧，他是給足了機會，給足了關心和支持。對待孫悟空，如來是故意把他壓在五行山下，讓他深刻地自我反省。表面看起來是在壓制孫悟空，實際上是在提供莫大的關愛和慈祥的服務。

對自己的直接下屬——觀音菩薩，如來是怎麼服務的呢？你看他交代好取經的任務後，並不是把任務直接往觀音身上一甩，說什麼「好，觀音菩薩，就給你去辦，你要承擔責任的啊！一定要辦好呀」，而是把取經的意義，還有取經的路線和取經的注意事項講得清清楚楚。為了控制取經過程的關鍵點，保障取經人的人身安全和消除取經的重大阻礙，如來還給了觀音菩薩五件寶貝。還記得如來問「誰去東土尋找取經人」的時候，觀音菩薩主動站出來的情景嗎？

如來見觀音站出來，心中大喜道：「別人是去不得，須是觀音尊者，神通廣大，方可去得。」菩薩問如來：「弟子此去東土，有甚言語吩咐？」如來道：「這一去，要踏看路道，不許在霄漢中行，須是要半雲半霧（這樣看得清楚些）：目過山水，謹記程途遠近之數，叮嚀那取經人。但恐善信難行，我與你五件寶貝。」即命阿儺、迦葉取出錦襴袈裟一領，九環錫杖一根，對菩薩言曰：「這袈裟、錫杖，可與那取經人親用。若肯堅心來此，穿我的袈裟，免墮輪迴；持我的錫杖，不遭毒害。」（這些都是菩薩做不到的事情，如來解決了觀音解決不了的問題。）菩薩皈依拜領。如來又取

> 出三個箍兒，遞與菩薩道：「此寶喚作緊箍兒，雖是一樣三個，但只是用處不同。我有『金』『緊』『禁』的咒語三篇。假若路上撞見神通廣大的妖魔，你須是勸他學好，跟那取經人做個徒弟。他若不伏使喚，可將此箍兒與他戴上，自然見肉生根。各依所用的咒語念一念，眼脹頭痛，腦門皆裂，管叫他入我門來。」

如來的服務工作做得也真是到家了，要點、難點和解決方法幾乎是一清二楚。

我們再看看觀音菩薩是如何爲西遊團隊服務的。

唐僧和孫行者兩人，在鷹愁澗被小白龍吃了白馬，唐僧是又驚又怕，還滿嘴的埋怨和責怪，弄得孫行者一肚子火。行者又要去找小白龍要回白馬，又要保護唐僧，分不開身，煩惱不已。正在這時候，半空中聽得有人叫道：「孫大聖不要生氣，唐御弟不要哭泣，我們是觀音菩薩派出來的，特意來幫你們的！」原來是六丁六甲、揭諦（觀音的手下）等一幫人前來協助了。真是哪裡有困難，哪裡就有上級關心的身影啊！來得真及時！

再說，孫行者每次搞不定妖精的時候，不管是行者的對或不對，只要行者或取經團的人找到了菩薩，菩薩都會十分樂意地爲他們排憂解難，事無巨細，就連徒弟和師父鬧矛盾的事情，菩薩也是親自過問，耐心地從中斡旋，直到服務得他們滿意爲止。

我們來看一次觀音菩薩是怎麼化解唐僧和孫行者間鬧彆扭的。行者和唐僧發生了衝突，嚷著不去取經了。事情的起因是：行者從五行山下出來後，打死了幾個毛賊。打死幾個作惡的毛賊，對孫行者來說，不算什麼，可是對唐僧來說，卻是大不敬。兩人因爲觀念不一，發生了口角。

下面有一段觀音菩薩引導孫行者的對話，值得玩味：

行者扯住菩薩不放道：「我不去了，我不去了！西方路這等崎嶇，保這個凡僧，幾時得到？似這等多磨多折，老孫的性命也難全，如何成得什麼功果！我不去了，我不去了！」菩薩道：「你當年未成人道，且肯靜心修悟；你今日脫了天災，怎麼倒生懶惰？我門中以寂滅成真，須是要信心正果；假若到了那傷身苦磨之處，我許你叫天天應，叫地地靈。十分再到那難脫之際，我也親來救你。你過來，我再贈你一般本事。」（後來，菩薩將三根救命的毫毛給他，叫他到萬不得已的時候用。）

人與人之間發生衝突，導致意見不一致，其實是很正常的事情。但不正常的是，我們會堅持自己的判斷標準隨意下判斷。一旦我們判斷不正確，或者判斷不夠準確，就可能發生誤解和衝突，產生消極心態。行者就是一個很典型的自以爲是的人，他代表著我們大部分人的心態。你看他怎麼說，「西方路這等崎嶇，保這個凡僧，幾時得到？似這等多磨多折，老孫的性命也難全，如何成得什麼功果！我不去了，我不去了！」從這句話，我們可以聽明白關鍵性的問題。

第一，行者輕易地判斷「唐僧是個凡僧」是不客觀的（你怎麼知道人家就是凡僧？不過是自我判斷罷了）。唐僧雖然是「肉眼凡胎」，但他的過人之處沒有被行者知道或承認。行者和唐僧比的是本事，而不是品德和理念，等於是拿自己的優點和別人的缺點比。行者也不知道，光憑本事是到不了西天的。

第二，行者和唐僧兩人只是理念不同，他們分別在進行判斷。一個說「你光有什麼理論，像個空皮囊沒有實際本事」，一個說「你沒有愛心，像個屠夫怎麼可以上靈山？」

第三，行者完全不講自己的一點責任，而是僅僅說自己可能會成爲一個受害者。其實，他忽略了，他自己也應該承擔責任。

第四，雙方出現分歧後，應互相開誠佈公地面談協調，而不是直接「點火」，互相指責，進而爆發「戰爭」，還要鬧到上司那裡去。

而菩薩點出的是世人懶惰、放縱自己、貪圖安逸、不思進取、不知道珍惜的心理。沒工作做的時候，想著有工作做，發誓要好好幹；有了工作的時候又開始挑三揀四，隨隨便便應付，東想西想，甚至消極懈怠。

競爭激烈的現代社會，人才的流動是普遍現象。反觀那些非正常和非理性的人才流動，他們與孫行者和唐僧的心理又多麼相同啊！他們所說的話，所講的理由，所做出的行為方式，都和唐僧兩師徒如出一轍啊！

然而，菩薩並沒有去責怪行者，而是給予了他充分的信心和支持，讓他看到了自己不足的一面，指引他如何去珍惜生活，珍惜工作！她的心理開導和「諮詢式」教練技術十分到位、經典。

一個人剛剛踏入社會的時候，完全是一張白紙。那時候，我們都十分珍惜自己的工作，也敢於低下架子向不同的人請教，而一旦學習了些本事，我們就開始驕傲起來。浮躁的虛榮心充斥了我們的生活，取代了我們以前觀察、體驗事物的用心和慧眼。脫離了被壓在五行山下的日子，孫行者本來該思過悔改，並一心一意地完成抱負。可是，剛脫離苦海的他——這麼一個有志青年，在取經路上遇到了問題，怎麼就變得害怕吃苦、懶惰不前、意志脆弱了？也許，這是人的通病吧！觀音菩薩給孫行者的支持，相當於給他吃了顆「定心丸」，多麼到位、實用、有針對性的服務啊！

孫行者被唐僧第二次驅逐的那回，行者就像一隻受傷的小鳥，恨不得馬上飛到菩薩身邊訴說委屈。看到菩薩後，行者的情緒一下子就爆發出來了，馬上倒身下拜，淚如泉湧，還號啕大哭。菩薩趕緊叫人扶他起來，說會幫他處理，寬慰他。

二、領導者要為下屬做好「服務工作」

領導者做服務，不一定有服務內容的限制，它主要是一種服務精神、服務態度。沒有這樣的服務精神和服務態度，不能掌握服務的方法和藝術，就談不上服務，或不能提供良性服務。只有實質性地履行服務的義務，才能稱得上真正的服務。

如何做好服務工作？又如何領導好要領導的人呢？一方面是個人的領導素質要「到家」；一方面是要掌握被領導者容易接受的方法。此外，還要善於厘定可行性計畫，明白操作要點，建立相應的激勵機制、文化和溝通機制，進行合理授權、成功檢視，掌握控制點。

可以通過以下幾個方面的內容來實現：

(1)爲員工搭建發揮個人能力的平臺

因爲組織的分工不同，每個人所擁有可支配的資源也不同。作爲一名優秀的領導者，就應該結合公司的實際情況，給下屬搭建一個可以發揮其個人優點和特長的平臺，同時創建一種出人才、出成績的氛圍。

(2)爲員工完成任務分配合理的資源

在現實工作中，有許多的領導者在給下屬分配工作任務的時候，不是結合任務分配相應的資源，而是把任務分配下去就不管不問了。這是一種非常常見而又無效的做法。

其實，當領導者在給員工分配任務時，首先應該考慮的就是員工是否具備完成工作的資源。不要給員工一個拖拉機的車架，配一個寶馬車的發動機，卻讓員工一定組裝出拖拉機或寶馬車。而應該考慮在希望員工完成相應的工作目標時，給他與完成目標配套的相關資源。

(3)爲員工提供應有的關心

領導者應該具備與員工永遠平等的心態，時刻想著如何來關心員工。一個領導者如果對人的因素不能保持關心和熱情，終將一事無成。重要的是，你作爲領導者，對員工的這種關心必須讓員工自己感受得到。

每週最少到自己所管轄部門的員工宿舍與員工談心一次；

每月最少與自己所管轄部門的員工聚餐一次；

每月最少與十名以上的員工做情感交流、溝通。

對中高層管理人員，除了以上三點要堅持以外，還需要做到：

每月舉行部門員工意見反映大會；

平均每天不少於三個小時在現場工作；

允許員工越級申訴；

每季度最少對自己管轄的員工進行家訪一次，或舉行家庭聚會。

一個優秀的領導者，除了對員工做好上述服務的同時，還應該結合行業特點、企業綜合情況等做好獎勵機制的設置。獎勵是對員工工作的肯定，同時也是樹立榜樣、樹立榜樣精神的過程，通過榜樣的力量來動員其他員工找差距，最終使部門成爲令員工尊敬、敬仰和嚮往的部門。這樣，領導者的能力和作用也就體現出來了。

三、孫悟空和豬八戒的衝突——做好自我領導，才能領導他人

每個人都具有領導才能，但自我領導是領導他人的基礎。現實中，我們往往將兩者本末倒置，不得真解。自我領導，就是自己影響自己，激勵自己，約束自己，這是非常必要的。只有具備自我領導才能的人，才能更好地領導他人前進，提升自己和他人。

取經的大部分時間，豬八戒對行者的意見都是比較大的。在通天河，他居然還要傷害行者的性命。

爲什麼豬八戒對行者有那麼大的意見？八戒有他的想法。也許他認爲，「你孫行者是我師兄啊，做什麼事情也要公平點，你看我挑那麼重的擔子，要走那麼遠的路，起碼得換換我啊！要是遇到困難，你師兄應該先往前衝啊，別總是指使我幹那又苦

又累又髒又危險的活（行者總是耍花招、詭計讓他去做這些，如去巡山查妖精、背死屍之類）；你孫行者也是我的直接上司啊，師父把團隊的事情交給你打理，你要對我們負責，做事情要讓我們理解，讓我們民主參與啊。總是你一個人說了算，我能服氣嗎？還有，出了問題的時候，不管如何，你要先擔著責任啊，別老往我們下屬身上推嘛！例如偷人參果，我只是說想搞幾個來吃，明明是你去偷的，你卻說是我的責任，起碼我沒偷啊！最要命的是，我受不了你那喝來罵去和動不動就要拿棒子打人的脾氣。呸！好像你有多神氣！你連自己都管不好，怎麼可以領導我老豬？我老豬本領雖不強，好歹也在天宮這樣的大公司裡混了好多年，也是個有修行的人，見的世面比你猴子大。不像你這猴子，沒幾天就被天宮除了名！」

孫行者留給豬八戒的負面印象太多了。「人家都知道感恩，就你行者牛轟轟的，好像人家幫了你，你還要人家反過來感恩你一樣！觀音菩薩派人來幫你，你可好，你把人家的下屬當奴才一樣使喚，完全沒有一點感恩之心（取經初期）。你以為你是誰啊？你動不動就和別人打架，結果我們都被扯進去和別人打個不停。你能不能省點力氣？你要是歇歇，那我真是謝謝你了！還有，你還動不動就和師父頂嘴。師父畢竟是你師父，你怎麼就那麼沒大沒小呢……」

從豬八戒的感受和陳述中，我們發現：取經前期，孫行者的確是在自我領導方面做得相當不夠。也正是因為他的自我領導能力差，才限制了他領導團隊的能力，增添了取經的磨難和坎坷。

再例如，觀音菩薩給孫行者交代得很清楚：收服豬八戒、沙僧、白龍馬時，只要說「我們是去取經的」就可以了。按照觀音菩薩的說法去做，去執行，孫行者就不用和豬八戒、沙僧、白龍馬打鬥，也不至於給這些未來的師弟們一個不好的「第一印象」了。可是，孫行者卻根本不聽，活在自己的小格局裡面，由著性子去逞強，事情辦得很不順利，遭到了沙僧、白龍馬的堅決反抗，「我打不過你，卻躲得起你，看你能把我怎麼樣？孫行者，你再有能耐也沒轍啊！」不得已，行者最後還是要請上司——觀音菩薩出面解決問題。

我們再假設觀音是孫行者的角色，在五莊觀的時候，她就不會去偷果子，不但自己不去偷果子，而且還會用自己的理念、方法去教育八戒，制止八戒，根本就不可能發生偷人參果的事情。不偷果子，人家就不會罵你們，你們也不會把人家的樹拔掉，也不會發生賭氣打架的事件，人家也不會不放你們走，你們也不會到處找人醫活人參樹。本來就可以做到什麼事都不發生，卻折騰了那麼久，引出了那麼多是非，這樣取經能有效率嗎？成功能很快到來嗎？

現實生活中，那些極其成功的經理人——韋爾奇、艾科卡、松下幸之助、格魯夫、比爾・蓋茲……他們都是自我管理成功的典範。在學習和實踐後，我們總結出自我管理的「八項基本原則」：

1.目標原則

每個人都曾有一個願望或夢想，也會有工作上的目標，但經過深思熟慮制定自己的生涯規劃的人並不多。生涯規劃的實現，需要強有力的自我管理能力。有目標的人和沒有目標的人認識是不一樣的。在精神面貌、拼搏精神、承受能力、個人心態、人際關係、生活態度上均有明顯的差別。通過同學聚會，分析成敗的原因，可明顯地看出這一點。

早定生涯目標並堅定不移地爲之奮鬥，二十年後才不會後悔。

2.效率原則

浪費時間就等於浪費生命，這道理誰都懂得。但是，我們每天至少有三分之一的時間做著無效工作，在慢慢地浪費自己的時間和生命！所以，要分析，記錄自己的時間，並本著提高效率的原則，合理安排自己的時間，在實踐中盡可能地按計劃貫徹執行。

堅持下來，你會發現，你的時間充裕了，你的工作自如了，你的效率提高了，你的自信增強了。

3.成果原則

自我管理也要堅持成果優先的原則。做任何工作時，都要先考慮這項工作會產生什麼樣的效果，對目標的實現有什麼樣的效用。這是安排自我管理的工作順序的一個重要原則。

與成果關係不大的事，交給別人幹好了。

4. 優勢原則

充分利用自己的長處、優勢，積極開展工作，從而達到事半功倍的效果。這是自我管理的一個非常重要的原則。

人無完人，你不可能消滅自己的缺點，全剩下優點。如果你真能做到，那你就是神，不是人了。

5. 要事原則

做工作分輕重緩急，重要的事情先做。在ＡＢＣ法則中，我們把Ａ——重要的工作，放在首先要完成的位置。在自我管理中，Ａ類重要的工作就是與實現生涯規劃密切相關的工作，要優先安排，下大力氣，努力做好。

6. 決策原則

一是決策要果斷，優柔寡斷是自我管理的大忌。想好了就要迅速定下來。二是貫徹要堅決。不管遇到多大阻力，都要堅定不移地貫徹到底。三是落實要迅速。定下來就要迅速執行，抓住時機，努力工作。

7. 檢驗原則

實踐是檢驗真理的標準。自我實踐的目標正確與否，需要實踐來檢驗。要堅持

「以人爲鏡」，及時收集，徵求同事們的意見和建議，檢查自我管理的實際效果。

8.反思原則

自我管理也要定期進行反思。檢查自己的目標執行情況，分析自我管理中存在的問題，制定、調整和修正方案。從落實的實際出發，保證自我管理健康地向前發展。

另外，管理者還必須學會一定的管理技能。

需要具備的管理技能主要有：

(1)技術技能

技術技能是指對某一特殊活動──特別是包含方法、過程、程序或技術的活動的理解。它包括專門知識、在專業範圍內的分析能力以及靈活地運用該專業的工具和技巧的能力。技術技能主要是涉及到「物」（**過程或有形的物體**）的工作。

(2)人事技能

人事技能是指一個人能夠以小組成員的身分有效地工作的行政能力，並能夠在他所領導的小組中建立起合作的努力，也即合作精神和團隊精神，創造一種良好的氛圍，以使員工能夠自由地，無所顧忌地表達個人觀點的能力。管理者的人事技能是指管理者爲完成組織目標應具備的領導、激勵和溝通能力。

(3)思想技能

思想技能包含，「把企業看成一個整體的能力，包括識別一個組織中的彼此互相依賴的各種職能，一部分的改變如何能影響所有其他各部分，並進而影響個別企業與工業、社團之間，以及與國家的政治、社會和經濟力量這一總體之間的關係。」即能夠總攬全局，判斷出重要因素並瞭解這些因素之間關係的能力。

(4)設計技能

設計技能是指以有利於組織利益的種種方式解決問題的能力。特別是高層管理者，不僅要發現問題，還必須像一名優秀的設計師那樣，具備找出某一問題切實可行的解決辦法的能力。如果管理者只能看到問題的存在，並只是「看到問題的人」，他們就是不合格的管理者。管理者還必須具備這樣一種能力，即能夠根據所面臨的現狀找出行得通的解決方法的能力。

這些技能對不同管理層次的管理者，相對重要性是不同的。技術技能、人事技能的重要性依據管理者所處的組織層次從低到高逐漸下降，而思想技能和設計技能則相反。對基層管理者來說，具備技術技能是最爲重要的，具備人事技能在同下層的頻繁交往中也非常有幫助。當管理者在組織中的組織層次從基層往中層、高層發展時，隨著他同下級直接接觸的次數和頻率的減少，人事技能的重要性也逐漸降低。也就是說，對於中層管理者來說，對技術技能的要求下降，而對思想技能的要求上升，同時具備人事技能仍然很重要。但對高層管理者而言，思想技能和設計技能特別重要，而對技術技能、人事技能的要求相對來說則很低。當然，這種管理技能和組織層次的聯繫並不是絕對的，組織規模大小等一些因素對此也會產生一定的影響。

◆延伸閱讀◆

《西遊記》的領導智慧

未來領導的發展方向是什麼？陰柔領導、自我領導、公共領導、生活化領導……這些都是有趣的話題。現實社會中，領導方式已經變得多種多樣，沒有什麼絕對的好壞，需要因人而異，因環境而變化。但我們分析每一種領導方式，可以探討出一些足以共通的東西。

《西遊記》的領導智慧，值得我們借鑒一二：重視人而非事情本身；重視激勵而非機制本身；重視價值而非效率尺規；重視秩序、變革而非固定模式，都是很好的觀點。如來的方向領導，觀音的建設性領導，唐僧的柔性領導，孫悟空的過程領導，都是不錯的管理精髓。

★觀音菩薩的建設性領導

觀音菩薩的領導方法很豐富，例如簡約領導、過程領導等，但她的建設性領導觀最值得我們借鑒。

我們的一些上司，經常有意無意地違背建設性領導的原則，採取看熱鬧、放任不管、指責、審查、推諉責任、搶奪權力或者盲目地越俎代庖來參與領導過程，真是一場「領導災難」。最常見的是，他們動不動就責怪下屬沒水準，沒能力，採取換人或其他的「冷處理」方式，或者乾脆將權力、事務一手攬過來，按照自己的方式去做。

如果觀音菩薩要責怪孫行者沒水準，恐怕可以責怪個沒完沒了。可是，她沒有一味地責怪他，而是巧妙地引導他，耐心地輔助他。觀音菩薩是取經的直接責任人，如果她發現孫行者的工作方式、方法不對（有時候對與不對是自己定義的），從而代替孫行者的角色，那樣會有什麼結果呢？那可不是唐僧等人在取經了，而是菩薩在取經啊！

做好建設性的領導，有必要明白下屬會在什麼時候違背方向。這時候，你需要把他們「領」回來！我們一定要明白什麼問題是下屬解決不了的，以便於在他們可能遭遇或已經遇到問題的時候，我們能挺身而出，協助他們渡過難關，而不是把自己當作一個拿著茶杯喝茶的「看客」。舉個例子吧。

唐僧在女兒國突然被蠍子精劫走的那一次，觀音菩薩這個總經理做到了「該出手時就出手」。孫行者和豬八戒為了救回師父，先後被蠍子精蜇傷，疼痛難忍。菩薩知道事情的危險性，便及時趕來提醒他們：蠍子精不是好惹的，如來佛祖都被他蜇過，正四處捉他。菩薩還提供了一條解決問題的辦法，要他們去光明宮找昴日星官幫忙。後來，昴日星官變成一隻大公雞，只叫了兩聲，就殺死了蠍子精。

領導，領導，關鍵是要有建設性地「領」和「導」，把自己看作是團隊的一員，參與進來，不要讓下屬找不到方向，四處亂竄或在能力之外胡亂折騰。

★唐僧的柔性領導

唐僧想，「我雖然是師父，可是我『肉眼凡胎』，又不會捉妖精，還是由孫行者你們幾個來做主吧！也許有時候我會有點自作主張，但你們要理解一下，畢竟我是取經團隊的領導人嘛，起碼也要給我機會表現表現啊！」從這裡看，領導者都是想表現一下自己的，不管表現得對與錯。為此，唐僧也吃了表現的虧。不過，這並不影響唐僧的領導風格。他的風格充滿了愛的柔性，意志的柔性，進取的柔性。

唐僧是個有愛心的領導者。唐僧為什麼選擇取經？他的行動壯舉是出於一種愛心。現實生活充滿著爭鬥、是非、迷惘、複雜，以至於那麼多人找不到成功的方向。他心繫天下蒼生，憂心啊！出於良知的呼喚和對生活真理的追求，出於博大的愛，唐僧才冒死去西天取經。歷史上的唐玄奘，其真人真事，更是可歌可泣。沒有博大的愛心，他一個人如何可以突破官兵的重重關卡（歷史上，李世民不僅沒有同意唐玄奘西遊，還出於國家利益，考慮禁止民眾包括僧人邁出國境），又克服那麼多的艱難險阻，甚至冒著生命危險去取經？有了愛心，你才擁有了一份神聖的責任；有了神聖的責任，你才擁有了一份影響他人的力量。

唐僧愛取經事業，堅持不懈；也愛孫行者，多次教育他從善；他也愛八戒，對他不嫌不棄；他也愛那些勞苦的民眾或受欺壓和冤屈的人，願意幫助他們過上更好的生活；他也愛那些對他不公、不敬甚至想殘害他的人，他情願給他們改過自新的機會。

唐僧的進取心和意志，柔中帶剛。即使孫行者沒有善行，難以管束，甚至幾次和他「分手」，但唐僧卻沒有因此而懈怠，放棄西行計畫。從專業技能上說，唐僧顯然不是最出眾的法師。論功力和學識，一些年長高僧比他知道得更多，他畢竟還年輕啊。不過，他卻是一個具有進取心的人，意志堅定的人。所以，我們看待我們的領導者，也許他不一定最優秀，最專業，但他一定要有積極的進取心和堅定的意志。

一個有進取心的人，不管他身在何處，是何處境，他總會燃燒起熊熊不滅的進取之火，即使暫時熄滅也還會被再度點燃。如果一個人具有堅定的意志，他會由內而外地影響別人，這也將驅使他無論如何心甘情願地完成自己的目標，哪怕承受非議、誤解、清貧或者苦難。進取心，不是等著別人在背後「踢屁股」的「心」；意志力，也不是心血來潮，忽三忽四地簡單放棄。

領導者的使命是帶領人，尋求到更大的支持和合作，而不是製造對抗和矛盾。剛性固然顯男人氣概，但剛性容易導致對抗和矛盾；柔性卻可以隱忍矛盾和對抗，減少爭執和誤解，增強包容的張力。從這方面講，柔性領導也是值得我們（家庭、企業、團體等）借鑒的。

★孫行者的過程領導

應該說，孫行者是團隊絕對的領導者，而且是約定俗成的、不需要去宣布的領導者。一是因為行者乃大師兄，二是因為行者有能耐，敢於承擔責任，團隊需要這樣主動站出來擔當的人。

從一個小美猴王成長為領袖人物，悟空（行者）的成長史充滿著爭議，也充滿著挑戰。悟空最先的領導經驗來自於當「山大王」的經歷。那時候，他占山為王，結拜牛魔王等六兄弟，打出「齊天大聖」的招牌，好不威風。仔細琢磨，其實不過是一個表面風光的「土皇帝」。

年輕的孫悟空依靠的是行政命令和權威。那群小猴子和野獸為什麼臣服他？原因很簡單：混口飯吃罷了。只要跟著你有飯吃，日子比以前好，就可以了。這是最基本的生存需要。但世界上不是僅有這種層次需求的人，還有更多追求安全、尊重和自我滿足成就感層次的人啊！總是用行政和權威來領導，顯然是行不通的，最終只會形成「結果導向」。

「結果導向」是孫悟空（行者）的領導出發點。他把以前做「山大王」的領導習慣又搬到了西遊取經團隊中。「結果導向」的領導者，評判起來很簡單：達到結果就高興，達不到結果就不滿意啦；「結果導向」的領導方式，一般習慣於有目的地去領導，只要達到目的，可以靈活變通；「結果導向」的領導，習慣於控制領導過程，而且多是出於個人主觀願望的控制。正因如此，取經前期，唐僧、豬八戒、沙僧等人不習慣行者的領導方式。他們給行者打的問號很多：我們憑什麼要聽你（行者）的？你可不可以也聽聽我們的一些意見？如果你連我們的話聽都不聽，誰又對結果負責？

控制也好，結果也好，目的也罷，都有必要清楚：領導與被領導是一種值得信任的行為，必須基於信任。

孫行者的領導方式是值得爭論的。他想控制取經過程，保證取經工作的順利開展，他的目的是十分端正和清晰的。然而，如果我們不停留在這個過程完成本身，而是跳出過程的圈子看高一點，那麼，這個過程領導將變得溫馨、親密而少去了爭議和火藥味。

[第六章]

取經路上的磨難和誘惑——西遊團隊心態管理

取經路上「九九八十一難」，每一難都有它的寓意，取經的過程其實正是一個「修心」的過程。

釋放無限光明的是人的心，製造無邊黑暗的也是人的心。而光明和黑暗的程度正取決於人心底的魔性、人性、神性交織廝殺的結果。魔性、人性、神性幾乎是每一個正常的人都同時具備的。只不過由於閱歷、修養、環境等外界因素使得有些人在某些方面表現得赤裸一些，在另一方面表現得隱晦一些，有時表現為這一種較強烈，有時表現為那一種較明顯罷了。

現代企業也是如此，在團隊的運作和管理中，我們總會碰到各式各樣的問題。而這些問題往往就是團隊成員心態的反應。我們不是常說「心態決定一切」嗎？如果對其中不好的心態管理不好的話，我們的團隊績效將會大受影響。

自我心態管理：孫悟空就是你的心

如果問一百個人對孫悟空的印象是什麼？可能會得到一百種答案：什麼勇敢無畏啦，神通廣大啦，熱愛自由啦，幼稚急躁啦，自以爲是啦，居功自傲啦，等等，都有一定的道理。

爲什麼人們會對孫悟空有種種不盡相同的印象呢？其實就是因爲這孫猴兒代表的是一顆心，一顆人人都有的心。心若一動，千變萬化，自然印象各有不同了。讀者應該注意到孫悟空也叫「心猿」，而「悟空」者就是「我心空也」。

一、孫悟空的五大專利和三種本性

孫悟空有五大專利：七十二般變化、筋斗雲、如意金箍棒、火眼金睛，當然，還有那個令他深惡痛絕的緊箍咒。每一項專利都與「心」密不可分，每一項專利都有其深刻的寓義。

五大專利

首先，這「七十二般變化」代表的正是人們不斷變化的心理活動。既然孫猴兒代表的是一顆「心」，那麼，孫猴兒身體的變化也就意味著人的心思、念頭的變化。孫猴兒學會了「七十二變」，就是掌握了心思、念頭的變化方法。無論天上地下，什麼東西都是通過「心」的變化來體現他的形象的。所以人們看到了不同的孫悟空，時而是神仙，時而是妖精，時而是飛鳥，時而是魚蟲……從而對孫悟空有了不同的感覺：勇敢、急躁、自大、單純、幼稚……

再說這「筋斗雲」，它代表了人的意念、念頭。四海之外，一日遊遍。「筋斗雲」給人的印象就是快。世界上什麼最快？不是光速，而是人的想法！無論多麼遙遠，念頭一動，心就到了。在《西遊記》裡，一個「筋斗雲」十萬八千里，而到達靈山的距離也恰恰是十萬八千里。靈山再遙遠，念頭到了也就到了。所以去靈山取經，正是「修心」的歷程。

孫猴兒手裡的寶貝「如意金箍棒」，隨心所欲，想大就大，想小就小，它代表的是人的心氣，要不怎麼叫做「天河定底的神珍鐵」呢？人心如天河——或心潮澎湃，或心若止水，萬千氣象，變化無常，要想讓它安定下來，就全憑著人的一口心氣兒。人生一口氣，想幹成大事，想剷除前進路上的種種妖魔鬼怪，也全靠這口心氣兒。所以金箍棒起，妖精膽寒。

說到金箍棒，還要提一提，孫悟空有萬鈞神力。他去東海討要兵器，換了幾件都說：「輕！輕！還是輕！」最後竟然拿走了大禹治水時的這塊神鐵。一萬三千五百斤呀，孫悟空竟然舞動自如！好大的力氣！力氣，力氣，人最大的力氣在哪裡？就是他的心氣！

還有那雙「火眼金睛」，「火」代表了明亮，「金睛」象徵著閃爍。「火眼金睛」是在八卦爐裡煉出來的，而這八卦本身就有無窮的變化。這意味著只有歷練過的「心」才能明亮，才能看透這世間無窮變化成的無限幻象。

至於那個套在孫悟空頭上給他帶來無窮煩惱的金箍兒嘛，不要忘了觀音菩薩說過「緊箍咒」的大名是叫做「定心真言」。「緊箍咒」就是爲了平息那顆不時躁動的「心」，讓它別蹦得太超過了。帶上這個圈，他叫孫行者；不帶這個圈，他就是個妖怪。悟空修煉成佛的時候，這煩惱的箍兒自然就不見了。

看看，孫悟空這五大專利全部是「心」的形象體現吧！可見，這被稱做「心猿」的孫猴子，就是你我眾生的心靈。

孫悟空身上的三種本性

在描寫孫悟空跳出八卦爐的時候，《西遊記》裡曾經有這樣一句詩：猿猴道體配人心，心即猿猴意識深。那麼，孫悟空所代表的「心」到底有什麼深刻的意味呢？

這深意就是同時體現在孫悟空身上的三種本性：魔性、人性和佛性，也可以叫做獸性、人性和神性。這三種本性是深藏於每個人內心的東西，是人一切心思的根本，正是他們的此消彼長，構成了我們萬般無奈而又無限眷戀的人間萬象。

孫猴兒在花果山稱王稱霸的時候，其實就是一個純粹的妖精。根據這猴頭自己在「三打白骨精」的時候向師父交代的：「在水簾洞做妖魔時若想吃人肉，就變成金銀或女色，把人迷到洞裡，或蒸或煮，吃不了還要晾成乾兒。」這種行徑和後來西天路上遇到的妖怪有什麼兩樣？

孫猴兒在被唐僧轟回老家的那次，他又重操舊業，可見這猴頭兒還是獸性難改。但是，這樣一個妖猴，取經路上還是做了不少的善事，最終竟然成了佛。這是怎麼回事？

觀音菩薩曾經說過：「菩薩妖精總是一念，若論本來，皆屬無有。」佛魔一念間！是佛還是魔，就看是善念還是惡念了。其實取經路上的各種妖魔都是我們心中的邪念和惡念，已經讓孫悟空在比丘國都兜攬出來給大家看了：「什麼慳貪心、嫉妒心、殺害心、狠毒心、邪妄心等不善之心」。有時感覺一股邪火上來，馬上就要幹出越軌的事兒，連自己都控制不住，這就是悟空的魔性在作怪。戰勝了這些邪念，我們也就消滅了妖魔，修成了正果。

人是有感情的動物，可見所謂人性就在於人的感情。儘管孫悟空是石頭子兒裡蹦出來的，但是，他也有著人性的一面，這充分表現在他對師父的感情上。在「三打白骨精」一回被唐僧冤枉的時候，孫悟空先是想盡辦法勸解唐僧不要把自己攆回老家花果山，實在沒轍了，又囑咐沙師弟說：「如果遇上妖怪就提老孫是他大徒弟。」最後無奈，只好「噙淚叩頭辭長老，含悲留意囑沙僧」。傷透了心的孫悟空「想起唐僧，止不住腮邊淚墜，停雲住步，良久方去」。看來這石頭子兒裡蹦出來的猴子還真的動了人的感情。到後來遇到黃袍怪，豬八戒去花果山尋找猴兒哥救師父，卻又不敢明說的時候，悟空對八戒言道：「老孫身回水簾洞，心隨取經僧。那師父步步有難，處處有災，你趁早告訴我。」花果山上的孫悟空哪有須臾忘記師父呢？原來，這石猴也是性情中人。誰說西遊不言情？

《西遊記》裡孫悟空一共痛哭過三次，都是在救唐僧不成、萬般無奈的情況下傷心落淚。其中獅駝國的大鵬金翅雕謊稱已經把唐僧吃了的那次，孫悟空心灰意冷，悲傷至極，痛哭不止，竟然感動得如來佛祖親自出馬，主動大義滅親，降伏了自己的舅舅。可見孫悟空用情之深。

在我們這個花花世界裡，社會和環境使得人與人之間有太多的不一樣，然而，我們每個人心靈的源頭確都是相通的，其實我們原本並沒有什麼不一樣。常聽人說不知自己在想什麼，不知自己在幹什麼，總之，不知道自己的心在哪裡。人們渴望找回自己的心，驀然回首，忽然看見，孫猴兒就是你的心。

最後再來說孫猴子的佛性。這不是指他有多麼廣大的神通，而是指他對害人的妖魔鬼怪有著與生俱來的嫉惡如仇和對天下普通蒼生發自內心的憐愛。平心而論，取經路上有些妖精並沒有直接招惹唐僧師徒一行。比如在木仙庵和三藏談詩的那幾個樹精，唐僧曾表示：「他們又沒傷著我，我們不理他，走吧！」可孫悟空卻說：「師父不要可惜他，恐日後成了大怪害人不淺。」看來悟空這時考慮的不是自己，而是後人。

再比如第一次過通天河的時候，孫悟空把自己和豬八戒變成了童男、童女等著靈感大王來吃的那一回，那感覺真有點兒像佛經裡講的捨身飼虎。最能體現孫猴子佛性的還要數鳳仙郡求雨一難，這一回對唐僧來說並沒有遇到任何難處，完全是孫悟空為了城裡的老百姓過上幸福的生活，厚著臉皮去央求玉皇大帝，結果給自己平添了不少麻煩。能為百姓立生命，為萬世開太平，這種不求回報的博大的愛，就是佛性吧。這種佛性其實在每個人心底裡都有的，是所謂佛在心裡。

釋放無限光明的是人的心，製造無邊黑暗的也是人的心。而光明和黑暗的程度正取決於人心底的魔性、人性、神性交織廝殺的結果。魔性、人性、神性幾乎是每一個正常的人都同時具備的。只不過由於閱歷、修養、環境等外界因素，使得有些人在某些方面表現得赤裸一些，在另一方面表現得隱晦一些，有時表現為這一種較強烈，有時表現爲那一種較明顯罷了。一般來說，每個人都有聖潔的一面，也都有陰暗的一面，徹底的大惡人和徹底的大善人都是極少的。

取經的過程其實正是一個「修心」的過程。讓心裡的魔性少一些，或徹底消滅，或永世不得翻身，或改邪歸正；讓心裡的佛性多一些，多一些善良、關愛、憐憫之心，這就是修行。

二、自我認知，誰都有做夢的權利，但夢不是用來指導生活的

如來受玉皇大帝之邀，親自降伏孫悟空。如來請天將們先住手。孫悟空見四周沒有了殺聲，卻跑出個人來，就扯著嗓門怒聲高叫：「你是哪裡來的，敢叫人停下刀兵？」如來通報了家門，然後問他：「你是哪裡來的野小子，是個什麼來頭，怎麼就那麼猖狂呢？」

「我會七十二變哪！還有筋斗雲，還有這根鐵棒也不軟呀！」孫悟空把這些小孩子的把戲講給雲端裡笑咪咪的如來佛祖聽。這時的猴頭覺得自己很了不起。人大凡認爲自己很了不起的時候，危險也就悄悄降臨了。「好吧！就給你一個展示自己的小舞臺吧！」佛祖微微一笑，伸出了不滿一尺的手。「那就上來試試吧！猴頭。」

猴頭自己跳進了如來佛的手掌心，可他並沒有在這個舞臺上展示出什麼。如來佛祖很清楚，假如讓孫悟空坐了玉帝的寶座，那天宮非鬧塌了不可。其實就在跳進如來佛手掌的瞬間，這猴頭就已經認輸了。把心放在別人手心兒裡攥著，還能不輸？

如來顯然是在測試孫猴子的自知力和他知力。可是，這一測試，連如來也覺得這太離譜了。孫猴子怎麼是這樣的自知力和他知力啊？他不僅沒有自知之明，也沒有他知之明啊！這小子簡直就是不知道天高地厚！

以上可知，孫悟空和如來正好是自知力、他知力水準的兩極。孫悟空不知道自己的底細，不知道玉皇大帝的能耐，不知道玉皇大帝所經歷的事情，不知道玉皇大帝現在所處的環境，也不知道他自己不能勝任玉皇大帝的真相，更不知道如來的能耐，他簡直就是一個活脫脫的「混蛋」形象。而如來，恰好相反，他對人間事物、天上事物瞭若指掌，對自己的法力相當清楚，對悟空那點本事也十分明瞭，對悟空不能正確看待自己、他人、環境、真相的事情瞭然於胸。

誰都有做夢的權利，但用夢來指導生活可就要犯錯誤了。

回過頭再說說唐僧。唐僧是誰？唐僧是一個敢於承諾，敢於付出，不怕困難，意志堅定，忠誠而又執著的人，是一個有一定佛學基礎知識的高僧。

唐僧有沒有把自己看得一錢不值？沒有。如果有，他根本就不會提出要去西天。

他也不傻，他難道不知道去西天的道路艱難，甚至要付出生命代價嗎？「但我不入地獄，誰入地獄？總得要人挑個頭吧？」唐僧去西天的舉動，實際上是在用精神感召更多的人。

唐僧有沒有把自己看得很高而覺得自滿呢？沒有。他知道自己是「肉眼凡胎」。做到這一點，實際上不容易。唐僧經常講法，受歡迎程度應該比較高，有一定群眾基礎，尤其是在全國佛學「水陸大會」上，唐僧可謂是大顯身手，出盡風頭。他講經的水準，令男女老少皆大歡喜，征服了相當一批「粉絲」。只是他這個人很低調，和孫悟空的狂傲正好形成鮮明對比。「水陸大會」上，唐僧雖表現不俗，但依然十分謙虛。觀音菩薩批判他的觀點時，他並不洩氣，並不厭惡反感，反而十分謙卑地接受了。換成是悟空，肯定會叫起來，吵起來，打起來。

明白自己是誰，才知道自己的不足，才敢於接受新知。

一個人要搞清楚自己到底是誰，就是要明白自己現在的處境和狀況，明白當下你的角色。

西天路上的大部分時間裡，唐僧還是清楚自己是誰的，因此，他一般不直接介入到「業務」，全部交給孫行者打理。奇怪的是，大家爲什麼對唐僧如此沒有好感？主要的原因，恐怕是唐僧有許多次分不清妖怪，錯怪了行者。實際上，這並不是唐僧本人的問題，是他個人能力的局限問題。

點。

那麼，我們自知，又需要知道什麼呢？需要知道自己的特點、優點、盲點和弱點。

《聖經》故事裡，有一位天生神力的人，力大無比，可用空手撕碎猛獅，用一塊驢腮骨擊殺一千多敵人。他是猶太人的領袖。後來，他喜歡的一個女子出賣了他。因為那個女子發現了他致命的弱點——他的頭髮不能剃，一旦剃去，則失去了法力。終於有一天，女子趁勇士睡覺之際，剃去了他的頭髮。他因此失去神力，被人活捉，剜去了雙眼。

據希臘的神話記載，英雄阿喀琉斯在幼年時，他的母親曾經拎著他的腳，把他倒浸入斯提可斯冥河，使他全身刀槍不入，威猛無比。因他母親的手握著他的腳踝而未沾上河水，而這未沾上河水的腳踝就沒什麼神力，成為他全身唯一一個「盲點」。特洛伊王子依靠太陽神的幫助，一箭射穿了他的腳踝，致使他受重傷而死。

每個人都存在致命的「弱點」和「盲點」，而且自己難以接受，難以察覺。一旦「弱點」和「盲點」被擴大化，就會產生嚴重後果。

掌握了這些，我們就知道如何與環境、他人融會，知道如何取長補短，知道如何提升自己，改進自己，檢視自己，監督自己。

三、明心見性，修好「石頭心」的七十二變

五百年的風風雨雨一天天地過去，頭上長滿了青苔的孫悟空的靈魂深處到底經歷了怎樣的革命，我們不得而知。直到有一天，觀音菩薩路過此地，五行大山下的孫悟空發自肺腑地喊出：「我已知悔了。給我指條路吧，我情願修行！」悟空懂得了認命。

懂得了認命，一切重新開始了。五行山變成了兩界山。東土大唐來的聖僧揭了那象徵純淨的智慧和聖潔的愛的封貼，一聲山崩地裂，兩界山裡跳出了赤條條的悟空，石猴又一次開始了新生。

「師父，我跟你去取經吧！」「好呀！我再給你起個名字，你就叫孫行者吧！」取經，取經，「經」就是「道」，「道」就是「路」，而「路」是走出來的。修行，修行，重要的在於行。昨天狂妄的「齊天大聖」又有了一個新的名字——孫行者。

孫行者已經不再做那個偉大的夢了，而是嘗試著以實際的心態來對待生活。五行大山下的日子使猴頭成熟起來，他下定決心洗心革面，重新做人。孫悟空從失敗中站了起來。最大的成就就是從失敗中站起來，這一點對人和神都一樣。

護送唐僧取經的過程也是孫行者修行的過程，悟空開始了修行。

首先要修正自己的觀念。

大鬧天宮的教訓讓孫悟空明白了，作爲一個有品味的神仙，只可以跟別人比魅力，切記不要跟別人比能力。當初「齊天大聖」爲了顯示自己的能力把天宮給折騰個底兒朝天，到頭來還不是沒能跳出如來佛祖的手掌心？孫悟空漸漸懂了，如果僅把護送唐僧取經的過程看成是打打殺殺，那就太幼稚了。歷史的教訓告訴猴頭，要利用取經這個機會，充分展示自己的魅力才是重要的。

孫行者接受前兩次上天的教訓，不再搞個人英雄主義，不再孤立自己，而是要把自己融入到神仙世界的網路體系中，讓更多的神仙理解和接受他，從而獲得最廣泛的支持。他看出來了，要想讓眾位神仙瞭解自己，並不在於做了多少事，而在於有神仙知道你在做事和有多少神仙知道你做的事。比如你打了十個妖精，沒有人知道，還是等於零。而你做了一回妖精，向十個神仙彙報十次，那就變成了一百回了呀！所以，要讓儘量多的神仙知道俺老孫在打妖精才是。如果動不動就把瞌睡蟲掏出來讓妖精們全睡著了，然後一棒子打死，那妖精的可利用價值也未免太低了。所以要講一點經濟學，要追求效益的最大化。要把取經的過程變成積攢人脈的過程，變成向各級神仙彙報思想和溝通感情的過程，要借此機會充分和各級神仙們，特別是那些能決定自己將來前途的高級神仙們多彙報思想，要時不時地在他們眼前晃晃，多多表示自己在思想方面與神仙們保持高度的一致。

而且，那些平時沒有機會交流的神仙，像什麼德高望重的老前輩黎山老母啦、蕩魔天尊啦、國師王菩薩啦，還有年輕有爲、前途無量的小張太子啦、太子摩昂啦，也可以趁這個機會好好聯繫聯繫感情。神仙世界有一張火眼金睛也看不見的網，關係太複雜太微妙，說不準誰就和誰連接著。隱姓埋名多年的毗藍婆老太太竟然是昴日星官的媽，誰能想得到呢？看來不但要讓在職的知道，而且也要讓離職退休的、隱居的、江湖的，都知道俺老孫現在是如來佛祖的人了。俺已經接受思想改造，正在努力修行，重新做人。

其次，悟空開始虛心向各路神仙學習。

對那些原來看不上眼的神仙，孫悟空也漸漸地學會了採取包容的態度。懂得了能夠包容別人，不再輕視別人，自己就比較好過了。天宮裡的神仙，儘管大都和天蓬元帥似的在技術上差點兒意思，但在某些方面，比如處理各類關係方面都是高手，所以，也要虛心向他們學習。必要的時候，拜個把兄弟也不爲過。否則人家就會覺得和你有距離，他們沒法理解你，也不會接受你。你自己就脫離了神仙的群體了，其後果可想而知。

離西天的距離越來越近，孫悟空的認識也越來越深；孫悟空的認識越來越深，離悟道成佛的距離也越來越近。

孫行者不僅努力改變著各路神仙對自己的認識，而且還學會了讚美領導。在被獨角兕大王收走金箍棒以後，孫行者上天去求玉皇大帝的時候表現得是何等的敬畏和斯文。「伏乞天尊垂慈洞鑒，降旨查勘凶星，發兵收剿妖魔，老孫不勝戰慄屏營之至！」聽聽，說得多麼的謙卑！這哪像是從「齊天大聖」嘴裡說出來的話！然後，悟空竟然對這位昔日很不以爲然的上司深深地鞠躬。難怪葛仙翁笑著問他：「猴子是何前倨後恭？」悟空竟然學會了鞠躬！

猴頭接下來的舉動就更出人意料了。請看：在查遍天宮也找不出結果的時候，孫行者對可韓丈人真君說道：「既然這樣，我老孫也不用再上靈霄殿了——打攪玉皇大帝，深爲不便。你自回旨去罷。我就在這兒等你回話就成了。」要知道這時候唐僧、豬八戒、沙和尚連同白龍馬可都在妖怪手裡受罪呢，可悟空好像一點兒也不急。若依「齊天大聖」從前的性格，早就吵吵鬧鬧著衝進去了。說不定還得掄起金箍棒呢。這說明孫行者學會了耐心等待。沒有耐心等待成功的到來，只能用更大的耐心去面對失敗。

沉思良久之後，這猴頭竟欣然作了一首詩：

風清雲霽樂升平，神靜星明顯瑞禎。
河漢安寧天地泰，五方八極偃戈旌。

這個時候的猴頭竟然想得起以詩歌的形式來歌頌玉皇大帝的豐功偉績，而且是在天宮裡，當著那麼多神仙的面兒。這哪裡還有一點兒大鬧天宮那時候「齊天大聖」的影子？

在這麼一個關鍵的時刻，孫行者拋出他一生中唯一的詩作，其意義非常重大。不但表明了自己身遇逆境的時候，仍然能保持革命樂觀主義精神，而且表現出自己思想認識的深刻變化。

取經的過程讓孫行者深深懂得，領導者也是需要理解、關愛的，也是需要別人表揚的。要多發現上司的長處，多讚美上司的好處，多體會上司的苦處，多解決上司的難處。從此以後，孫悟空對玉皇大帝的態度更是一天比一天的恭敬。

那次遇上六耳獼猴假冒自己招搖撞騙，孫悟空再一次來到天宮請求玉帝幫忙。這猴頭竟然高呼：「萬歲！萬歲！臣今皈命，秉教沙門，再不敢欺心誑上。」孫悟空變了，變得多麼謙卑。他用一顆謙卑的心對待昔日看不上眼的上司，遠離了虛榮與炫耀。還是那個許旌陽真人說得好：「此一時，彼一時，大不同也！」

取經路上的孫行者既發揮了自己降妖捉怪的技術特長，維護了正義的事業，還學會了爲人處世，在降妖捉怪的同時，注意到了盡最大努力處理好和各路神仙的關係，不但沒有讓一位神仙失望，而且爲自己今後的發展製造了良好的社會輿論，打下了堅實的群眾基礎。

悟空，悟空，就是「我心空」，就是心裡沒有負擔，提得起放得下，失敗成功都可以承擔。悟了這一點，一顆千年的石頭心，完成了自身的七十二變，經歷千錘百煉，總算戰勝了自己，磨成了「鬥戰勝佛」。

德與能的差別——唐僧的「軟實力」

德行代表價值觀，才能代表工作方法。是重德還是重才？唐僧和孫行者正好是這兩種典型的代表人物。

要選《西遊記》中「誰是最佳員工」，恐怕唐僧的得票率遠遠不如孫行者。孫行者，實在是太有才了！而唐僧卻讓人感覺像隻綿羊，軟乎乎的，似乎是一個怎麼捏也「捏不成包子」的人！

難道唐僧真的沒能耐？

其實，仔細留意，人們往往有兩種標準。我們在欣賞小說的時候，喜好孫行者式的「方法」人物，可是在實際生活中，我們卻又會選擇唐僧式的「道德」人物。爲什麼呢？原因在於孫行者的破壞性大，他會製造出一些緊張的氣氛，引發許多爭議，甚至帶來眾多的不和諧。而唐僧雖然沒多大本事，可是，他的爲人卻是十分到位的，穩定性能好，相處起來比較和諧和舒服。

現在要你選「誰是最佳員工」，你又會選擇誰？

一、重視德行，避開無端的是非

在觀音禪院，行者和禪院的老和尚互相臭美比袈裟，唐僧早有提醒和教導，只是行者一意孤行，才惹出一堆事來。唐僧的意思是：不管你老和尚多麼陶醉於你的寶貝袈裟，即使我的袈裟比你的漂亮，我也不會和你比。可孫行者卻不是這樣，他非要比個究竟，讓老和尚出醜。老和尚把自己的十二櫃袈裟全抖出來，掛在牆上，真是金碧輝煌！老和尚和小和尚們亮出了袈裟，十分得意。行者早已按捺不住，叫他們收起來，要拿唐僧的袈裟出來看。

三藏（唐僧）把行者扯住：「徒弟，莫要與人鬥富。你我是單身在外，只恐有錯。」行者道：「看看袈裟，有何差錯？」三藏道：「你不曾理會得。古人云：『珍奇完好之物，不可使見貪婪奸偽之人。』倘若一經入目，必動其心；既動其心，必生其計。汝是個畏禍的，索之而必應其求，可也；不然，則殞身滅命，皆起於此，事不小矣。」行者道：「放心！放心！都在老孫身上！」你看他不由分說，急急走了去，把個包袱解開，早有霞光迸迸；尚有兩層油紙裹定，去了紙，取出袈裟，抖開時，金光滿室，彩氣盈庭。眾僧見了，無一不心歡口讚。真個好袈裟！

後面發生的事情果然像唐僧所說，老和尚真的動了心，他先是要借唐僧的袈裟看一夜，可越看越喜歡，然後就企圖霸佔袈裟。爲達到目的，他還發動和尚們放火，要燒死唐僧和孫行者。

孫行者很有才能，天不怕地不怕，可最後卻是什麼結局？老和尚要燒死他們，他就跑到天上借「辟火罩」，只保護唐僧一人。凶猛的火勢把好好的一座寺廟全部燒毀，和尚們無家可歸。老和尚見事情敗露，畏罪自殺。在一片混亂之中，袈裟又被黑風山的熊羆精渾水摸魚地撈走。行者又要轉向去對付熊羆精，索討袈裟。真是一個悲慘的結局，一個折騰人的結局！

可是如果我們借鑒一下唐僧的德行，你就會發現，唐僧的謙恭、沉著、謹慎、不與人比鬥和不好虛榮的德行和品質，直接就可以避免以上發生的一切啊，根本就不需要如此折騰啊！

追求方法、忽視德行的人，易忙中出亂，重視德行卻可以創造無窮的方法，可以泰然自若。

如果我們沒有孫行者的才能，弄不到「辟火罩」保護自己和他人，無法保證自己找回「袈裟」，我們的結局又會如何？有如此才能的孫行者都被折騰得手忙腳亂、一塌糊塗，何況我們普通人呢？

有才無德，就是這樣的惹火上身。無才無德，應該更慘。

倒可以學學唐僧的德行，按照唐僧的德行處世，就可以避開那些無端的是是非非。

「善將者，不恃強，不怙恃，寵之而不喜，辱之而不懼」。你有寬宏的胸懷，平等的精神，不仗勢，不凌人，不清高，對跟隨的人多提拔，多讚美，有過予以承擔，有功予以分享，自然能獲得部屬的擁護。

(1)待人要平和有禮。

作為一名管理者，對待你的部下乃至所有相關人等的往來，最要緊的，要能親切和藹，要讓他感到你的平易近人。古人有云：「將不可驕，驕則失禮，失禮則人離，人離則眾叛。」愈是最高領導者，你的態度愈要平和有禮，部下才會生起恭敬心，接受你的領導。

(2)做事要精簡有道。

作爲一名管理者，要關照的層面會很多，但是你不能過分的繁瑣，過分的囉嗦。繁瑣令人厭，囉嗦令人煩。化繁就簡，受領導的人才會清楚地明白你的原則方針，才會願意跟隨你一起做事。

⑶論理要中道有分。

一個事業團體一定要有其創辦的理念，身爲管理者，你必定要認識並抓穩這一理念，不管做什麼事情，才不會有所偏差閃失。尤其要有分寸，不可以偏左或偏右。持之以正，中道行事，才不會偏失大方向。

⑷領導要融合有義。

人心最大的陋習是「同歸於盡，嫉妒褊狹」，因此統領大眾必須要有融合的雅量。只有融合，才能寬大和眾；只有融合，才能彼此交流。不但融合，更要有義。「與人交，要有情有義；爲人謀，要有忠有信」。你對人有義，不必領導，他也會願意接受你，追隨你。

二、有信仰的人才能成就偉業

唐僧有兩次大的承諾，都得到了實踐。

第一次是他被選爲取經人後，對唐太宗的承諾——「我這一去，定要捐軀努力，直至西天。如不到西天，不得真經，誓不回國，永墮沉淪地獄！」唐僧這個誓發得夠狠，還有些唯心，不過，我們可以體察到他的決心和意志，體察到他是在發自內心的承諾，體察到他對承諾的重視程度。

取經路上，唐僧雖然面臨重重困難，有擔心，也有害怕，但他卻沒有退縮。一個人的承諾如何規範他的力量，來源於他對承諾的真誠和重視程度。太多的失諾是不是我們的情狀呢？它的背後，又反映了我們什麼樣的生活品質和自我要求呢？

出發前，唐僧最後一次在自己的寺院上香，也有一次承諾，立下了自己的誓願：「弟子陳玄奘，前往西天取經，但肉眼愚迷，不識活佛真形。今願立誓：路中逢廟燒香，遇佛拜佛，遇塔掃塔。但願我佛慈悲，早現丈六金身，賜真經，留傳東土。」

事實上呢？唐僧的確是做到了。甚至有幾次是冒著生命危險去上香、掃塔、拜佛。例如，他明知道小雷音寺可能有危險，可是還是要進去拜佛。

歷史上的唐玄奘，其真人真事，令人欽佩。

唐太宗貞觀元年（西元六二七年），唐三藏法師玄奘西行天竺求取真經。行至伊吾（今哈密），高昌王鞠文泰聞訊，即派使者前往延請。

高昌王篤信佛法。過了幾天，玄奘法師要西去天竺，高昌王婉辭相留，情真意切，說要以弟子身分終生供養法師，並要求全國人民都成爲法師的弟子。玄奘重任在肩，執意不允。

面對玄奘的執意拒絕，高昌王終於忍耐不住開始發威了。史書中記載，國王的臉色都變了，他把袖子捲起來，大聲說：「弟子有異途處師，師安能自去，或定相留，或送師歸國，請自思之，相順猶勝。」

國王的這番話使玄奘進入了兩難之境，若答應高昌王的要求，就違背了自己西行求法的誓願；若不答應留下，就會被送回唐朝去。最糟糕的是，無論答應或不答應，都將無法再繼續西行了。

此時的玄奘做出了一個大家意想不到的舉動，他說：「玄奘來者為乎大法，今逢為障，只可骨被王留，識神未必留也。」意思是說：我來到這裡，是維護大法，現在我遇見國王您給我設置障礙。我的骨頭，可以為國王留下，但是，我的意識，我的神明，未必能留在高昌。換言之，就是您能留住我的人，也留不了我的心。這話他說得非常悲痛，但是又非常決絕。說完這兩句話，玄奘開始哭起來。

儘管玄奘哭得悲痛萬分，但國王依舊認為玄奘是在施苦肉計。於是他採取了「冷戰」政策，先不理會玄奘，每天拿最好的食物，提供最好的居住環境，施行最崇高的禮節，加倍地供養玄奘。

玄奘用絕食來表明自己西行求法的決心。高昌王萬般無奈，只好答應玄奘西天取經，並和玄奘結為兄弟。

玄奘離開高昌時，高昌王爲他寫了二十四封致西域各國的通行文書，還贈送了馬匹、僕役和大量的衣物、錢財等，號召萬眾夾道相送數十里。分別之際，高昌王抱著玄奘大聲慟哭，玄奘也同樣戀戀不捨，他答應取經回來的時候，一定再到高昌國看望國王。

玄奘從天竺取經後，本來可以不走沙漠，從海道返回唐朝，但他心裡一直惦念著高昌王鞠文泰，所以他仍取道北路，翻雪山，涉流沙，回歸中原，履行他們之間當年的約定。遺憾的是，當玄奘法師走到于闐國的時候，聽說高昌王鞠文泰早已長眠於九泉。玄奘暗拭淚水，只好從于闐直接回到了長安（今西安）。

一個人有信仰，才有力量抵禦不良因素的誘惑。尤其是作爲一個企業或者集團的主宰者，在你成功時，社會上會有人把你捧上天；在你遭受挫折時，社會上會有人把你貶入地。企業管理者有信仰，才會以客觀冷靜的態度看待自己，既不會因別人的吹捧而飄飄然，也不會因別人的蔑視而灰心喪氣。

信仰是人的終極關懷，是人的一生中追求的終極目標。有信仰的商人才能夠成就偉業。

三、懂得感恩，感恩之心可滌蕩萬物的塵埃

唐僧是個很可愛、很可敬的人，他很懂得感恩。感恩，看起來似乎是個簡單的辭彙，實際上能量無限。它讓人明白一切的來之不易，明白人與人之間的關係程度。

每一次，無論唐僧是受人恩惠或者幫助、指點，他都會表示感恩之心，又是道謝，又是磕頭禮拜。在觀音收伏白龍馬後，唐僧一聽說是觀音幫了忙，馬上就要拜謝，連忙問：「菩薩何在？」從唐僧的行動中，我們看到的是他的態度，他的真誠。

再回過頭來看看行者，我們就知道其中的差距到底有多大。收伏白龍馬後，行者對土地、山神這些提供情報和線索的基層人員，不但不予以感謝、表揚和鼓勵，反而喝退了他們。這意思不就是明擺著，「你們做這事情是應該的，我現在不需要你們了，滾吧！」需要與不需要的關係和選擇，時刻微妙地、勢利地左右著我們。

同樣的事情又發生了。收伏白龍馬後，馬上要過河澗。這時，水神變成個漁翁來接他們。唐僧急忙從懷裡掏出大唐的幾文錢，對他表示感謝。你瞧孫行者怎麼說：「他是這裡的水神，不來接我老孫，老孫還要打他呢。如今免打就已經不錯了，還敢要錢？」

作爲管理者，對同你一同創業的同事、下屬，是作爲應該去感恩的共同創業的夥伴？還是把他們看成只是你創業經商的工具？

一隻老貓在貓際社會中悟出了一套如何成為「貓上貓」的哲理警訓，經過牠的策劃與教誨，很多貓都出類拔萃，有所建樹。

一隻黑貓找到老貓，牠想超過所有被老貓啟發過的貓。老貓想了想說：「要想超過牠們，除非你變成身披鳳羽的貓王，只有這樣，你才能一統貓界，獨自為尊。」

老貓又說，只要向南山的鳳凰仙子送上厚禮，鳳凰仙子自然會賜牠一身五彩繽紛的鳳羽。黑貓害怕老貓再把這個成為「貓上貓」的方法傳授給別的貓，牠兩拳就將老貓打死了。

黑貓準備了九千九百九十九隻老鼠送到南山。鳳凰仙子大怒：「我只收親手耕耘而獲的五穀！」她當即賜給黑貓一身象徵奸詐險惡的鷹的羽毛，只給牠留了隻貓頭。此時黑貓十分後悔，牠後悔沒有留著老貓，為自己成為貓王做更詳細的指導。

感恩是一種利人利己的內心責任。很多時候，我們對自然、社會、公司、股東、老闆、同事、下屬、客戶等，甚至父母、妻兒的付出，漠然置之，認爲那是自己應該得到的，是天經地義的。其實，並非如此。中外歷史上很多英雄豪傑，成在「振臂一呼，應者雲集」，敗在「離心離德，孤家寡人」。所以，感恩其實就是一種利人利己的內心責任：對自己的責任，對親人的責任，對他人的責任，對公司的責任，對社會的責任。因爲只有銘恩於心，才會有恆久的責任。

做人要保持一顆感恩的心，無論是在工作中，還是在生活中，都應該是這樣的。如：對我們的父母心存感恩，這是由於他們給予我們生命，讓我們更健康地成長，讓我們放飛心中的理想；對師長心存感恩，因爲他們給了我們許多教誨，讓我們拋卻愚昧，懂得思考，在工作的過程中實現自我；對兄弟姐妹心存感恩，因爲他們讓我們在這塵世間不再孤單，讓我們知道有人可以和我們血脈相連；對朋友心存感恩，因爲他們給了我們友愛，讓我們在孤寂無助時傾訴，依賴，看到希望和陽光。心存感恩，一句非常簡單的語言充滿了神奇的力量，讓那些瑣碎的小事在很短的時間裡變得無比親切起來。

有位哲學家說過，世界上最大的悲劇或不幸，就是一個人大言不慚地說，沒有人給我任何東西。感恩是一份美好感情，是一種健康心態，是一種良知，是一種動力。

國際著名科學家斯蒂芬•霍金說過這樣的話：「我的手還能活動；我的大腦還能思維；我有終生追求的理想；我有愛我和我愛著的親人與朋友；對了，我還有一顆感恩的心……」對人生懷有一種感恩心理，這是值得追求的一種樂觀豁達的人生態度。

我們認可這種追求，但是，對那些給我們造成形形色色不幸，帶來災難痛苦的逆境，包括我們的對手和敵人，也要懷有感恩心理。霍金用他的成功告訴我們：逆境讓我們學會了刻苦、忍耐、淡泊和寬容，僅從這種負面的角度看問題，將會使我們永遠生活在心靈的陰影之中。換一個角度，我們會發現，逆境和敵人原來也是生活中不可或缺的一部分。

感恩，會使我們在失敗時看到差距，在不幸時得到慰藉。就像換一種角度去看待人生的失意與不幸，對生活時時懷有一份感恩的心情，則能使自己永遠保持健康的心態、進取的信念。

感恩不純粹是一種心理安慰，也不是對現實的逃避，更不是阿Q的「精神勝利法」。感恩，是一種歌唱生活的方式，它來自對生活的愛與希望。有了感恩的心情，我們即使遭受挫折，感覺到我們受到某些不公正的待遇，碰到一些無法逾越的障礙，也不會怨恨失望，更不會自暴自棄。同時，我們只有有了一顆感恩的心，才能放開自己的胸懷去寬容待人。

作爲管理者，除了感恩自己的家人，還要感恩自己的老闆、同事和下屬，讓感恩這種心理動力成爲工作的積極推動力。有些人之所以能開創新天地，不是由於他們經驗豐富或智慧過人，而是因爲他們遵循人類真正的精神，並憑藉基本的真理與原則做決定。

西遊路上的人脈學

任何團隊都免不了有摩擦和糾紛，取經的過程，也是一個溝通的過程，在一次次的矛盾和衝突中，我們看到了西遊團隊是如何溝通，如何包容，最終達成心態一致的。

一、換位思考，包容是西遊團隊的黏合劑

唐僧和行者剛上路時，碰見「眼看喜」、「耳聽怒」、「鼻嗅愛」、「舌嘗思」、「意見欲」、「身本憂」這幾個強盜。孫行者「知道」：這些傢伙應該被打死，不打死這「六賊」，將會不得安寧。可唐僧有他的「知道」：打死人不對。於是兩人爆發衝突。

唐僧愚善，說猴子是一個行凶的人，去不了西天，做不了和尚，搞得猴子很不爽。唐僧真的知道嗎？唐僧只知道打死人不對，但他不知道這「六賊」必須得打死，

「眼看喜」、「耳聽怒」、「鼻嗅愛」、「舌嘗思」、「意見欲」、「身本憂」是人的狹隘和偏見啊！不打死這些傢伙，如何去得了西天，如何成功？我們的成功之路何嘗不是如此呢？你打死它們了嗎？

猴子真的知道嗎？他只知道這六個傢伙應該被打死，卻不知道如果他這樣做，師父唐僧會抗議啊，他不知道周圍人的感受和心理。

唐僧缺乏包容，猴子長猴子短的一頓亂罵。猴子也缺乏包容，氣不打一處出，「呼啦」一下，一陣風就跑了，扔下唐僧孤零零的一個人。唐僧苦啊，叫天天不應，叫地地不靈（**那時候還沒有豬八戒和沙僧的加盟**）。

話說行者拋下唐僧，去了東海龍宮，找龍王聊天解悶去了。龍王的話可負責了：「你保唐僧西天取經，真是可賀，可賀，這才叫做改邪歸正。既然如此，怎麼不西去，又回來幹什麼？」孫行者敢作敢當，回答得挺有點男人味：「是唐僧不識人性。有幾個毛賊擋路，是我將他們打死，唐僧就說了我若干不是。你想我老孫可是受得悶氣的？是我撇了他，打算回花果山，特來看望你一下，借盅茶吃。」

猴子的話玄機就多了，意思是：好鄰居啊，我這次來你這裡，是來告訴你我在做什麼。我心裡不快，找你傾訴一下，你也幫我出出主意。我覺得自己這差使還是不錯的。是我老孫撇下他的，他還依賴我的本事呢。老龍王，你幫我開動腦筋急轉彎，看我應該怎辦？

見行者如此把自己當朋友，老龍王喜不自禁，一時心領神會。他給行者講了漢朝《張良三進履》的故事。據說，黃石公不小心把鞋子掉到橋下去了，他叫張良幫他從橋下揀上來。張良好不容易揀上來，黃石公又「呼啦」一下把鞋子扔了下去，這明擺著折騰人嘛！黃石公反覆三次地扔，張良沒有絲毫的惱怒和無禮，依然畢恭畢敬地揀鞋子。黃石公覺得這年輕人不錯，就傳授天書給他。後來，張良果然成了漢朝第一功臣，並成仙得道。「你要不保護唐僧，永遠是個妖精，哪裡會成正果？」這一席話一語中的，意思是說，你要像張良一樣多包容，一定會建功立業的。猴子十分興奮，於是又回去找唐僧。

看看等待的另一方會如何？猴子回去後，見師父沒得飯吃，沒得水喝，也沒有走，卻在那裡等他。想想，挺感動，也夠可憐的。

其實，人心之間的距離很近，就宛如隔著一堵牆。不過，如果每個人都自我而缺乏包容，那堵牆就永遠不會倒，人與人之間的距離只會越來越遙遠，我們知道得就越來越少。

唐僧後面的話更讓人心痛：「像你這有本事的，討著茶吃，我這去不得的，只管在此忍餓，你也過意不去啊！」每個人的角度不一樣，立場和處境不一樣，感受也不一樣啊！

多一份包容，我們才能更加深入地瞭解一個人，才能瞭解一個人深層的心理，才能瞭解一件事情的本質和前因後果。只有瞭解真正的人生道理，才能讓自己知道得更多。

二、有了足夠的瞭解，才能做出更準確的判斷

對取經團和取經成員的狀況，孫行者一直以為自己很明白，他相信自己的判斷力，實際上，他最後才真正明白，他的判斷其實往往並不是那麼準確。

孫行者是一個典型的自以為是的人。他以為憑藉自己的一雙「火眼金睛」，憑藉自己的聰明大腦，憑藉自己的一番經驗和才幹，就可以在判斷時「彈無虛發」，百發百中。

與其說是唐僧收伏豬八戒、沙僧，不如說是孫行者收伏了他們兩個。以孫行者的脾氣和個性，收伏他們兩個，自然就免不了打鬥。這一打鬥，問題就出來了。八戒那三腳貓的功夫，幾下子就被孫行者看出來了。孫行者這下就判斷開了：「什麼天蓬元帥啊，就這爛水準，沒啥本事！」好了，輪到收沙僧了，因孫行者不太熟悉水性，八戒水性好，所以八戒在流沙河和沙僧大戰，孫行者看著他們兩個打的那把勢，就知道沙僧也不過是個會幾招幾式的水妖而已，他看得很不耐煩，心裡急慌慌：「哼，要是在岸上，說不定我老孫早就把他打趴下了。」八戒好不容易找到個機會，把沙僧引

到岸邊，就被耐不住性子的猴子把沙僧一棒子打跑了，沙僧躲到河中再也不敢出來。「真不經我老孫一打！」行者心中得意地說。

收伏兩個師弟後，孫行者一定在心中有了個初步的判斷：「這兩個傢伙，和我一起取經，行不行啊？」孫行者不僅對他們心存懷疑，而且對唐僧也是一肚子的問號。「保護這樣一個『肉眼凡胎』的唐僧，什麼時候才可以到西天啊？」記得還是最早在收伏白龍馬的時候（當時就只有孫行者、唐僧兩人），孫行者可就領教了。那次，唐僧那個膿包樣簡直把他的肺都氣炸了。他和唐僧走到蛇盤山鷹愁澗的時候，唐僧從大唐帶來的白馬被鷹愁澗的小白龍吃了。孫行者去找小白龍討要白馬，唐僧又心急又害怕，一臉的膿包樣。唐僧又是說「沒有馬了，我們怎麼往前走？」又是說「你快點去要我的馬啊！」，一會又說「要是你去了，小龍上岸把我吃了怎麼辦？」行者分身乏術，無所適從。他本來就窩火，這樣一來，就更加鄙視這個唐僧，心中想道，「什麼師父？又窩囊，又膿包，膽子又小，還不通情理。什麼高僧？一點本事都沒有，不會騰雲駕霧降妖精不說，就連妖精都真假不分，和他一起工作，簡直就是晦氣啊！」

行者和小白龍相持不下，還是觀音出面才收伏了小白龍，將小白龍變成了白龍馬。這時候，行者的判斷結論就冒出來了：「菩薩，我不去西天了，路那麼不好走，保護這個凡僧，何時可以到呢？和他一起去，恐怕連老孫的性命都要送掉！」

團隊成員到齊後，觀音菩薩、普賢菩薩、文殊菩薩和黎山老母火速考驗了一次團隊的禪心。她們裝扮成一戶家產富裕的母女四口，一起招女婿，想看看這個團隊的人到底是個什麼狀況，是否是真心取經。這一試，就將豬八戒好色的毛病試出來了。最後，菩薩們戲弄他，把他吊在了樹上，揚長而去。被吊在樹上的豬八戒大呼救命求饒，唐僧、沙僧於心不忍，只有孫行者說不用理他，把他就扔到這荒山野嶺（**意思是說不要這傢伙去取經了，開除他**）。從行者對待豬八戒的態度看，他的判斷是：這種人，根本就不配去取經，要他何用？還不如餵老虎餵野狼。

緊接著到了白骨精出場了。「白骨精就是妖怪，這是明擺著的，別說你變成良家女子、老婆子、老頭子，即使你燒成灰，我老孫也看得明明白白。」可是，豬八戒、沙僧卻看不出來，更別說唐僧。「這兩個傢伙就是水準不行嘛！哎呀，真窩火，明明是妖精，師父師弟這些草包們，還要說是好人，這些黑白不明、是非不分的傢伙，如何能取得到經啊？」

這一次「三打白骨精」，孫行者可被冤枉大了。他雖然和妖怪鬥智鬥勇，努力地打死了白骨精，但無奈地被唐僧錯認爲打死了無辜好人，遭到了師父的驅逐。行者被驅逐的時候，道出了他的判斷底線：「你趕我走可以啊，我看你手下無人，怎麼去西天？」唐僧立即反駁說：「你真是無禮狂妄，就你是人，人家豬八戒、沙僧不是人啊！」

行者爲什麼說唐僧「手下無人」？其實他的心中早就已經有了判斷。行者的判斷是否就是對的呢？是否就是客觀的呢？恐怕只有看完西遊取經的全過程才會真相大白。

行者這判斷也下得太早了。取經完畢後，行者應該清楚地知道：其實每個人都有他存在的價值，每個人都有優缺點。我們的瞭解需要一個長期的過程，日久才能知人心，過早地下結論，未免容易走入片面和不客觀。

迅速加以判斷，已經成爲我們現代人的通病。

我們需要判斷，但是只有足夠的瞭解，才能做出更準確的判斷。現代快節奏的生活，讓人們養成了快速判斷的習慣，一分鐘一秒鐘就下判斷，隨時隨地就下判斷的現象比比皆是。簡單粗糙的判斷和不客觀的判斷，對自己和他人都是不負責任的表現，對事情的成功和人生的成功會造成不利影響。

三、溝通到位，避免無效爭執

托塔李天王的乾女兒——半截觀音（又叫地湧夫人），把唐僧抓進自己的洞府，鬧著要強逼成親，唐僧死活不肯。孫行者、豬八戒倒騰著幾次去救師父，都被妖精耍得暴跳如雷。最後，他們好不容易發現了妖精供奉的牌位，上面寫著「尊父李天王之位」和「尊兄哪吒三太子之位」，才知道原來妖精和托塔天王李靖一家有親。

奈何不了妖精，孫行者只有上天宮告狀，李天王卻怎麼也不認賬。兩人你爭我吵，互不買賬。一個說：「就是你家女兒幹的，還有牌位作證。」一個說：「我就沒這樣的女兒，只有個小女兒才七歲，還不懂事呢。你再血口噴人，我就把你捆起來，反告你誣告。」一不做，二不休，天王真的就派人把孫行者捆了起來。孫行者也高興被捆，因為他認為「反正我是要贏的！看你捆我去告狀的人有什麼好下場」。天王越捆他越高興，氣不打一處來，就要拿刀砍行者（君子從動口發展到動手了），這時，哪吒提醒了天王，是有這麼個女兒。

哪吒回憶道：「有一次，如來佛祖差遣我和您捉拿一個偷靈山香花寶燭的妖精，我們捉到她後，想打死她，後來，佛祖要我們行善積德，『積水養魚』，就饒了她性命。她很感激，後來還認您做了父親，認我做了兄長啊！」天王早就忘記了這回事。哪吒這一提醒，他便恍然大悟，轉頭就向孫行者賠禮道歉。可是猴子不依不饒，雙方僵持不下，鬧騰不已。一個說：「你看你剛才那態度，不僅把我捆起來，還想用刀砍我，還有，你這乾女兒害我師父又該怎麼算賬？」一個說：「我的確忘記了這回事情了，再說，是我乾女兒又不是我親生女兒，這事情你就算了吧！」兩個人爭執不休。這時候，太白金星說了一句：「天上一天，人間一年，你們這樣子鬧下去，唐僧在人間可能都要被逼得和妖精生下兒子了！」

搞人力資源出身的太白金星畢竟不同凡響，一語驚醒夢中人，簡直讓孫行者和我們都慚愧萬分。

上面的故事證明，孫行者和天王兩個人互不相讓，卻遺忘了他們的溝通目的——天王到底有沒有這個女兒？如何才能救出唐僧？查到「天王有沒有這個女兒」的目的，也是為了更快地救唐僧啊！

為了爭自己是對的，我們和老婆或老公吵得不亦樂乎；為了證明自己是對的，我們和同事總有打不完的「嘴巴仗」；為了爭取更多的利益和面子，我們和客戶無休止地辯論不休；為了證明自己是對的，我們有生不完的氣，發不完的怒；為了爭自己是對的，我們把黑的也要維護成白的；為了爭自己是對的，我們幾乎聽不進他人的意見，連別人開口的機會都不給；為了爭自己是對的，我們可以允許自己的嘴巴無所遮擋，傷害更多的人；為了爭自己是對的，我們情願放棄想要的輕鬆氣氛、友誼、合作，拋棄工作效率，拋棄工作目標！一切的一切，就為了爭取到一個「我才是對的！」可我們的溝通目的呢？

我們憑什麼就認為自己一定是對的？我們難道已經很完美了嗎？我們不需要聽取和吸納他人的意見嗎？

我是誰？我知道的究竟有多少？我究竟做了些什麼？而我該做些什麼……

我們不是爲了爭執而活著，我們是爲了獲取成果，用我們寶貴的時間來獲得我們的成果。我們需要的是達成溝通的結果，而不是無謂的爭執。

人與人之間關係的改善離不開有效的溝通，任何組織的內求團結和外求發展更離不開有效的溝通。而高品質的溝通在很大程度上取決於溝通方式的選擇及其科學組合。因此，我們必須根據具體的溝通層次、內容、情境、對象、文化等選擇不同的溝通方式，並且根據實際情況靈活進行各種溝通方式的組合。

溝通一般分爲資訊、情感和行爲層次三個層次。資訊層次是溝通的最基本層次。在這個層次上，溝通雙方完成了資訊傳遞和資訊回饋的任務，使資訊得以交流。在此基礎上，彼此產生一定的認識，形成一定的印象。

情感層次是指在資訊交流中，雙方對所交流資訊的解碼和對對方的動機、需求、興趣、性格、世界觀的感知，都伴隨著情感體驗。這種情感體驗不外乎情感共鳴和情感排斥兩種狀態。如果情感共鳴，雙方相互吸引，就能建立起良好的互動關係；如果情感排斥，就會形成疏遠或緊張的關係。

行爲層次是溝通的最高層次，它是以資訊層次和情感層次爲基礎進行的，是溝通雙方的行爲互動層次。由於溝通的最終目的是爲了引起對方的行爲，因此，人們要根據溝通對象對自己的評價和期望調整自己的行爲，只有這樣，雙方才能建立起心理相容的良好關係。

沒有完美的「經書」

中國傳統的小說和戲劇大多喜歡大團圓式的完美結局，即使是悲劇，也要讓它在浪漫的完美中謝幕。比如梁山伯與祝英台，生時不能做夫妻，死了以後就是變成蝴蝶也要團聚在一起，多麼的完美浪漫！本來沒有結尾的《紅樓夢》，不是也要續上了一個讓凡夫俗子們能夠接受的圓滿結局才得以廣爲流傳的嗎？但是講述取經故事的《西遊記》卻並不是這樣的。取經，取經，唐僧歷經「九九八十一難」爲的就是取經，然而，師徒一行千辛萬苦帶回東土大唐的經書卻是殘缺不全的。

一、通天河底下有個洞——人生本來就是不完美的

「九九八十一難」，每一難都有它的寓意，這其中最耐人尋味的，就當數這丟損了經書的這最後一難了。儘管這場劫難並不在五方揭諦、四值功曹等諸神爲唐僧所記錄的災難簿子裡，可對唐三藏來說，它卻是相當的有必要，必要到大慈大悲的觀音菩

薩在唐僧好不容易把夢寐以求的經書拿到手之後還必須把這一難給他補上，而沒有大發慈悲地把它免去。

對唐僧師徒這次重要的經歷，大多讀者卻並沒有留下什麼特別深刻的印象，甚至很多人把它給忽略了。也難怪，比起取經路上那一個個陰森恐怖的妖洞，一次次驚心動魄的打鬥，一幕幕要吃唐僧肉的凶險，丟損經書的故事多多少少顯得有點兒平淡和乏味，僅僅是讓唐僧在通天河裡泡了個冷水澡，而且製造這個大麻煩的也不是什麼青面獠牙的妖魔鬼怪，而是一位窩窩囊囊的老實人大白賴老頭黿——正是那個曾經用自己的身體把唐僧馱過通天河的大白賴老頭黿。然而，這多少顯得有些平淡的一難卻產生了極其深刻的影響，在「九九八十一難」當中，唯獨這一難造成了實質性的損失——讓原本齊全的經書變得殘缺不全。

西遊的目的不就是爲了取經嗎？結果到手的經書卻給弄殘了。這個結局令很多讀者深感遺憾！

平淡的故事，缺憾的結果。然而，在平淡和缺憾背後，往往蘊涵著深刻的道理——通天河畔那散落的片片經書，所揭示的正是著名的「天地不全定律」。

在通天河畔的曬經石旁，孫悟空不是對師父唐僧說了嘛：「連天地都是不全的，這經原是全全的。今沾破了，正是應了不全的奧妙呀。」是啊，天地本來就是不全、不完美的，這才是世界的本來面目。

其實我們的祖先早就認識到了這一點，他們認爲頭頂上的天是不全的，那上面肯定有個洞。要不怎麼會有女媧煉石補天的傳說呢？很多人沒注意到的是，唐三藏丟損經書的那條通天河底下也有個洞，這個洞原本正是那個大白賴老頭黿的窩，叫做「水黿之第」。真是此河可通天呀！

根據「天人合一」的原理，這人也是不完美的，事也是不完美的，萬事萬物都不是完美無缺的。所謂的完美僅僅存在於人的美好幻想裡，是人的一種偏執的追求，一種美妙的夢幻而已。人當然可以做夢，但人不能生活在夢裡。這也正是《西遊記》的精妙所在。

據說法國雕塑家羅丹曾創作了一件人體雕刻作品，完成之後，羅丹忽然感覺到那雕像的手雕得太完美了，以至於搶了整個作品的風采，結果他毅然砍去了這隻完美的手。無獨有偶，曾經有很多藝術家想要爲愛神維納斯的雕像添上完美的手臂，結果卻發現無論怎麼擺佈都不如原來那樣殘缺的看上去順眼。原來，最美的藝術品就是看起來有所欠缺的那件，正是它的殘缺，使它的意味永遠沒有止境，在缺憾中顯現出無與倫比的美。美並不等於完美，完美是不可得的，但美卻可以。《西遊記》裡那些殘缺不全的經書也正是要說這番話吧。

做事如此，做人也是如此。如果想做到讓所有的人都滿意，往往是誰都不滿意，所謂世上無完人嘛。所以人的一生無論如何努力都只能求得更好，不可能做到完美，沒有了哪怕萬分之一的缺憾，也就沒有了對比，所謂百分之百的完美也就不存在了。

既然如此，做事也罷，做人也罷，還是不要太過於較真。「哎，你看，就差那麼一點點就完美無缺了。」不必遺憾，這就是通天河所揭示的自然規律——「天地不全定律」。物理學也同樣告訴我們，完美只存在於不受外界任何影響的理想狀態中，而現實中，沒有。

二、不要輕視任何小人物——通天河裡的那隻老鼋

回過頭來再說說通天河裡的那隻老鼋，這個角色儘管不那麼光彩奪目，但卻具有特別重要的意義。他告訴人們不要輕視任何小人物，特別是千萬別欺負老實人。

在《西遊記》裡，那老鼋可以說屬於那種沒什麼本事的小人物。當年他被金魚精打得東躲西藏，只有生氣的份兒，卻毫無辦法，連自己通天河底下的老窩「水鼋之第」也讓人家搶了去。可是誰來完成渡聖僧過通天河的歷史使命呢？恰恰只有他——老鼋。

當然嘍，這可不是無償服務，老鼋有個小小的心願：想勞駕唐僧見到如來佛祖的時候，給諮詢一下自己什麼時候能脫了那件「馬甲」，變成一個人？對這個小小的請

求，當初踩在老鼉背上過了通天河的唐長老欣然允諾。可真等到了靈山、見了如來佛祖的時候，唐長老早把這個舉手之勞的小事兒給撇到腦勺子後頭，忘了個一乾二淨。可見在這位唐長老心裡根本就沒把人家老鼉當回事。結果是誰把唐長老扔進了冰冷的通天河裡？還是老鼉。

取經路上，唐僧渡過多少條河數也數不清，可是，唯獨只有通天河渡過兩次，爲什麼？就是爲了告訴讀者一個非常簡單的道理：水能載舟亦能覆舟啊！能把你拖下通天河的人往往正是當初馱你過通天河的人，即使有神通廣大的孫悟空在你身邊也是躲不了的。

對於想成大事的人尤其要注意：沒成事的時候，要想到會有普通的小人物可以幫你渡過難關，不過成了事以後你可千萬得記著，這也許不是無償服務，當初人家幫你的時候有沒有半開玩笑似的託付你什麼願望？這個小願望比起你的豐功偉績來說也許太微不足道了，但對幫助你的小人物來說卻可能是一件很重要的事情。如果你把它忘了，他還是有能力讓你下水泡個涼水澡的。雖說不一定能淹死，但至少也灌你一個透心涼，嚇你一大跳，說不定還會給你帶來永遠無法彌補的缺憾。

很多小人物身分低微，卻忽視不得。真正的人脈本來就需要四面出擊，結交三教九流，只有如此，你的人脈圈子才有深度和廣度。能夠獲得各種不同類型的社交對象青睞的人，才能達到人際關係的理想境界。有的時候，貴人就掩藏在小人物中，如果你對人一向以「貴賤之分」來區別對待，那麼可能會錯失良緣。如果你能一視同仁，即便看起來是小人物，仍能像對待貴人那樣以禮相待，沒準就能得到他們的幫助。

戰國時期的孟嘗君，他手下的三千多門客，大多數是地位卑微而無什麼才幹的「小人物」。那麼，為何孟嘗君要這麼做，他是施捨天下士人嗎？當然不是，他是以自己獨到的眼光為自己儲備人才，包括一些不起眼的「小人物」。他深信，亂世之時，人人皆有所用。

一次，孟嘗君出使秦國被扣留。為了賄賂某權貴以便逃生，一位擅於鑽狗洞偷東西的門客自告奮勇，混進秦宮偷回了秦王一位妃子的白貂皮大衣，並將大衣送給了秦國的權貴後，他才得以釋放。接著，他連夜逃走，到函谷關口，看到關門緊閉著。按照秦國的規定：必須待到雞鳴之後，關門才可開啟。正好他的眾位門客中，有一個人擅學雞叫，而他的叫聲又帶動許多雞鳴叫起來。孟嘗君由此得以脫險。

孟嘗君能夠脫險，全仗了門客中的兩位「小人物」。正是這些不起眼的「雞鳴狗盜」者，在關鍵時候成了救他命的貴人。「金無足赤，人無完人」，「大人物」身上肯定有自己的缺陷和不足；而「小人物」身上也有自己的長處和優勢，或許還是「大人物」所不能及的。因此，在我們日常生活中，不能因為對方身分低微就產生輕視的心理，任何一個人都有可能成為你生命中的貴人。

結交和籠絡小人物的最好方法，就是對他們施以「知遇之恩」。小人物一般不被別人欣賞，如果你能夠認識到他們的特殊才幹，並指出來，讓他們運用這些才幹做一些大事，他們就會像感激伯樂一樣感激你的恩德。這樣，當有一天你陷入困境時，或者當他們出人頭地之時，便會竭盡全力地幫助你，你的收穫將遠遠大於付出。

對小人物施以知遇之恩，在具體實踐中可以參考以下方法：

⑴用人不必有所拘泥，對有才華、有創意的年輕人，不妨加以重用。如果按照某人的資歷，他還排不上某種位置，但他的能力卻足夠勝任，那麼你可以任用他，這樣，他會爲你的破格提拔而心懷感激。

⑵重視小人物的一些不爲人知的小優點，並據此將他安排在合適的工作崗位。比如某人的業務能力不強，但是長得人高馬大，強壯威武，那麼可以安排他做保安系統的工作。如果某人的思維不夠有創意，難以勝任一些高難度的工作，但是心思縝密，小心謹慎，那麼可以讓他去做會計。

⑶用適時的提拔表示你對小人物的重視。當他們取得一些小成績之後，可以對其進行稍微誇大的表揚，然後提拔他做更重要的工作，這樣做，能夠不斷地激發小人物的工作潛能，使其不斷得到新的進步和發展，並鼓勵他們更加努力地工作。

三、注意細節：問題往往都出在幾乎要完成的時候

很多時候問題往往都出在幾乎要完成的時候。千萬多加小心！不能忽略任何一個細節。很多時候，一些大的災難的發生，就是因爲一點點細節的疏忽所造成。

遠洋運輸的貨輪一般性能先進，維護良好，一般不會出什麼問題。但是巴西一家遠洋運輸公司的海輪卻在海上發生了大火，導致沉沒，全船人都葬身海底，後果十分嚴重。

後來，事故調查者從失事海輪的遺骸中發現了一隻密封的瓶子，裡面有一張紙條，上面寫了二十一句話，看起來是全船人在最後一刻的留言。人們驚奇地發現，這些水手、大副、二副、管輪、電工、廚師和醫生等熟知航海條例的人，竟然私下裡做了不少錯誤的事：有人說自己不應該私自買了臺燈，有人後悔發現消防探頭損壞時卻沒有及時更換，還有人發現救生閥施放器有問題卻置之不理，有的是例行檢查不到位，有的是值班時跑進了餐廳……

最後船長寫了這樣一句話：發現火災時，一切都糟透了。平時，我們每個人犯了一點點小錯誤，都沒有在意，積累起來，就釀成了船毀人亡的大錯。

其實，或許在海輪剛剛出發的時候，船長和船員們都能謹小慎微、一絲不苟地工作。只不過隨著航行的日子一天天過去，船上的人逐漸放鬆了警惕，當有第一個人開

始注意力不集中時，慢慢地影響了整條船所有人員的工作風氣和態度，大家輪番犯錯誤，導致了災難的發生。

所以，這個故事給我們很大的啓示就是，不要在工作中疏忽大意，不放過每一個容易出錯的細節，否則，積少成多，聚沙成塔，讓錯誤時刻操縱著我們，最後將會咽下失敗的苦水。

的確如此，細節往往操縱著事情的成敗。一個細節上的失誤，將會影響整個大局甚至人的一生。生活中每個細節都是不能忽略的，認真觀察你就會發現，那些成功者或偉人都是注意細節的人。注意細節，方可成爲天才。看來微不足道的事情，其中都蘊藏著巨大的發現。而天才與凡人的最大區別往往體現在這些微不足道的小事上。能過了這一劫，差不多就可以過通天河了。

◆延伸閱讀◆

國國有本難念的經

儘管唐僧的取經隊伍可以算得上是歷史上第一次有組織的跨國旅行，但一般讀者僅僅是把注意力集中在孫猴子、豬八戒、唐僧、沙和尚這幾個主要角色身上，頂多順帶關注一下給他們找麻煩的那群妖魔鬼怪，再有閒工夫的話，可能瞧一瞧天上地下的各路神仙，而對取經路上那些個為唐僧的護照蓋章的國王，卻好像並沒太多的關注。當然嘍，女兒國國王是個例外，那是因為她和唐僧有過那麼一段言情故事而享有盛名，這個另當別論。不過，好好琢磨一下那些個國王，是很能給人一些啟發的。

朱紫國國王的痛苦經歷是大病了三年。若論朱紫國國王的管理水準和工作能力，可能屬於世界一流水準。他自己那「一畝三分地」治理得井井有條，整個國家「人物軒昂，衣冠齊整，言語清朗，真不亞於大唐世界」。而且市場經濟也非常發達，搞得「六街三市貨資多，萬戶千家生意隆盛」，使國家成為「帝王都會處，天府大京城」。但是事情沒那麼簡單，當下的麻煩往往是很久以前不經意留下的，在這位國王還沒上任的時候，就已經給自己埋下了禍根。

那時的國王還是東宮太子，喜歡騎馬射箭，射殺了西方佛母孔雀大明王菩薩的兩個孩子——一對雌雄孔雀。菩薩很生氣，問題很嚴重，發誓要懲罰他大病一場，並且要讓他和娘娘分居三年。孔雀大明王的這話本來是說給來安慰自己的觀音聽的，可那天給觀音開車的司機金毛犼卻聽在耳朵裡，記在心坎上了。金毛犼可比青毛獅子會來事，這傢伙一琢磨這回機會來了，心想：我主動幫上級把事兒辦了，上級總不會虧待我吧？搞不好還能被提拔成司機班班長呢！而且借著給上級辦事的機會賺點外快也是一件美事。金毛犼竟然沒向觀音請示，就主動下凡來給國王「消災」了。

金毛犼這傢伙也許平時被觀音菩薩給寵壞了，他可沒青毛獅子那麼老實，剛到地上就劃定了自己的小山頭兒，幹起了打劫的營生，還把朱紫國國王的金聖皇后娘娘搶去做了壓寨夫人。朱紫國國王心裡一急，半個粽子沒咽下去，憋出一身病來。不過金毛犼有點兒背，碰見了愛管閒事的紫陽真人。一件舊棕衣變成一身毒刺穿在了娘娘身上，讓金毛犼乾饞吃不到嘴。好在這傢伙是奔朱紫國國王來的，對唐僧肉沒什麼興趣，不然唐僧又要受驚了。

小事不留神，往往壞了大事。朱紫國國王因為自己一不留神得罪了各位菩薩，儘管愛崗敬業，工作能力也挺強，但還是受到了嚴肅的懲戒。好在他屬於「把所有的痛自己扛」的主兒，沒有連累當地的老百姓。

相對而言，鳳仙郡的老百姓就慘透了。要說鳳仙郡的那位郡侯也是，兩口子吵架賭氣也用不著摔東西呀！就算摔東西，也別摔準備給玉皇大帝上貢的東西呀！特別是不該把那幾盤子象徵對玉皇大帝無比尊敬的點心餵了狗。這不等於說偉大的玉帝和狗差不多嗎？也太不拿首長當神仙了吧！

玉皇大帝對這個關係到自己名譽的問題非常重視。於是，玉皇大帝在天上設立了米山、麵山和黃金大鎖，下令只有雞嗛盡了米山、狗舔完了麵山、燈燎斷了金鎖才能下雨。這不要等到猴年馬月呀？這下鳳仙郡老百姓可遭了殃，連年大旱，顆粒無收，賣兒賣女。「十歲女換三升米，五歲男隨人帶去」。城裡的人靠「典當衣物以存身」，城外頭就靠「打劫吃人而故命」。整個鳳仙郡「三停餓死兩停人，一停還似風中燭」。急得個郡侯神情恍惚，天天琢磨著自己到底是犯了什麼錯了？可怎麼也琢磨不明白。也難怪，天上那位玉皇大帝的心思他哪能知道呢？急得郡侯見誰求誰，聽說從東土大唐來了位得道的高僧，當街就給唐長老磕頭。

奇蹟發生了！猴子和馬同時來到了。幸虧孫大聖通風報信，郡侯才知道原來是自己一不留神得罪了玉皇大帝。趕緊補救吧！有意思的是，在鳳仙郡這一回裡死了這麼多人，卻沒發現有半個妖怪。看來在《西遊記》裡吃人的也不僅僅是妖怪。

車遲國國王就更荒唐了。因為二十年前和尚們沒有求來雨水，竟把車遲國裡所有的和尚都抓去做了奴隸，就連禿子也都抓去了，讓他們整天挖沙子，吃糙米粥，睡在沙灘上。害得和尚累死了六七百，自盡了六七百，還剩下五百做苦力。這位國王竟然還弄了三個假大仙來當神仙供著。

需要念經的不僅僅是唐僧，西天路上的那些個國王也各自有一本應該念的經，而且是一本不太好念的經。

透視《西遊記》搞定所有MBA

作　　者：王　立
發 行 人：陳曉林
出 版 所：風雲時代出版股份有限公司
地　　址：105台北市民生東路五段178號7樓之3
風雲書網：http://www.eastbooks.com.tw
官方部落格：http://eastbooks.pixnet.net/blog
信　　箱：h7560949@ms15.hinet.net
郵撥帳號：12043291
服務專線：(02)27560949
傳真專線：(02)27653799
執行主編：朱墨菲
美術編輯：吳宗潔
法律顧問：永然法律事務所　李永然律師
　　　　　北辰著作權事務所　蕭雄淋律師
版權授權：南京快樂文化傳播有限公司

初版日期：2014年7月
I S B N：978-986-352-043-6

總 經 銷：成信文化事業股份有限公司
地　　址：新北市新店區中正路四維巷二弄2號4樓
電　　話：(02)2219-2080
行政院新聞局局版台業字第3595號　營利事業統一編號22759935

國家圖書館出版品預行編目資料

透視《西遊記》搞定所有MBA／
王立 著.-- 初版. 臺北市：
風雲時代，2014.05 -- 冊；公分

ISBN 978-986-352-043-6（平裝）

1. 組織管理

494.2　　103008150

定價：350元
優惠價：280元